Mathematik

Abiturthemen

Lösungsbuch

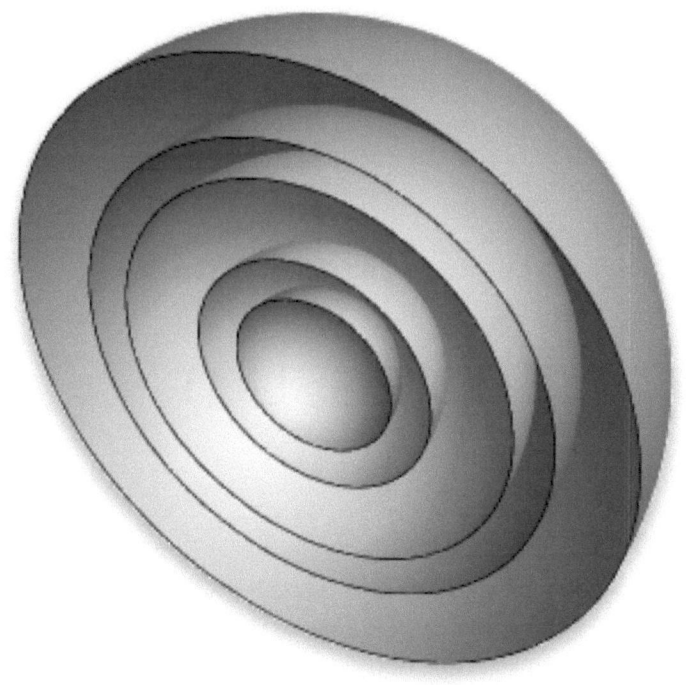

Abiturthemen (Saarland GOS Pflichtbereich)

Lösungen

Impressum

Bibliografische Information der Deutschen Nationalbibliothek:
Die Deutsche Nationalbibliothek verzeichnet diese Publikation
in der Deutschen Nationalbibliografie; detaillierte bibliografische
Daten sind im Internet über http://dnb.dnb.de abrufbar.

TWENTYSIX – Der Self-Publishing-Verlag
Eine Kooperation zwischen der Verlagsgruppe Random House und
BoD – Books on Demand

© 2016 Dieter Küntzer

Herstellung und Verlag:
BoD – Books on Demand, Norderstedt

ISBN: 978-3-740-7245-42

Inhaltsverzeichnis

Kapitel 1
Kreis

    Lösungen der Aufgaben zum Kreis   2

Kapitel 2
Kugel

1. Lösungen der Aufgaben zur Kugel   18
2. Lösungen zu Abituraufgabenteilen zur Kugel   27
3. Lösungen zur Kugel (fakultative Inhalte)   33

Kapitel 3
Gebrochenrationale Funktionen

1. Lösungen der Aufgaben zu gebrochenrationalen Funktionen   42
2. Lösungen zu Abituraufgabenteilen   51

Kapitel 4
Vollständige Induktion [E]

1. Lösungen der Aufgaben zur vollständigen Induktion   60
2. Lösungen zu Abituraufgabenteilen   66

1 Kreis

„Μή μου τοὺς κύκλους τάραττε."
„Störe meine **Kreise** nicht!"

– *Archimedes von Syrakus*

Lösungen der Aufgaben

Aufgabe 1 (Seite 5)
Aus der gegebenen Gleichung erhält man:
$(x_1^2 - 4x_1) + (x_2^2 - 2x_2) = 20$
Quadratische Ergänzung liefert:
$(x_1^2 - 4x_1 + 4) + (x_2^2 - 2x_2 + 1) = 20 + 4 + 1$
$\Leftrightarrow (x_1 - 2)^2 + (x_2 - 1)^2 = 25 = r^2$
Daraus folgt: Die gegebene Gleichung beschreibt einen Kreis mit
dem Mittelpunkt $M(2|\,1)$ und dem Radius $r = 5$.

Aufgabe 2 (Seite 5)
a) Die zugehörigen Kreisgleichungen lauten:
$k_1: x_1^2 + (x_2 + 3)^2 = 1$; $k_2: (x_1 - \sqrt{2})^2 + (x_2 - 2)^2 = 3$; $k_3: x_1^2 + x_2^2 = 4$

b) Um die Lage des Punktes $A(0|\,1)$ bezüglich der drei Kreise zu untersuchen, setzt man die Koordinaten von A ($x_1 = 0, x_2 = 1$) in die „linken" Seiten der Kreisgleichungen jeweils ein und vergleicht dann jeweils mit den „rechten" Seiten dieser Gleichungen.
Auf diese Weise ergibt sich:
für k_1: $0^2 + (1 + 3)^2 = 16$; $16 > 1$ $(4 > 1)$
für k_2: $(0 - \sqrt{2})^2 + (1 - 2)^2 = 2 + 1 = 3$; $3 = 3$ $(\sqrt{3} = \sqrt{3})$
für k_3: $0^2 + 1^2 = 1$; $1 < 4$ $(1 < 2)$
Da die „linke Seite" der Kreisgleichung das Quadrat des Abstandes des Punktes A vom Mittelpunkt M des Kreises und die „rechte Seite" das Quadrat vom Kreisradius r darstellt, ergibt sich die Lösung wie folgt:
• A liegt außerhalb des Kreises k_1, da sein Abstand von M_1 größer als r_1 ist.
• A liegt auf dem Kreis k_2, da sein Abstand von M_2 gleich r_2 ist.
• A liegt im Innern des Kreises k_3, da sein Abstand von M_3 kleiner als r_3 ist.

1 Kreis

Aufgabe 3 (Seite 5/6)

A $(x_1 - 7)^2 + (x_2 - 13)^2 = \dfrac{49}{4}$

B $\left(\vec{x} - \begin{pmatrix} -1 \\ 4 \end{pmatrix}\right)^2 = 36$

C $2 \cdot \left[(x_1 - 12)^2 + (x_2 - 4)^2\right] = 50$

D $(x_1 - 2)^2 + x_2^2 = 16$

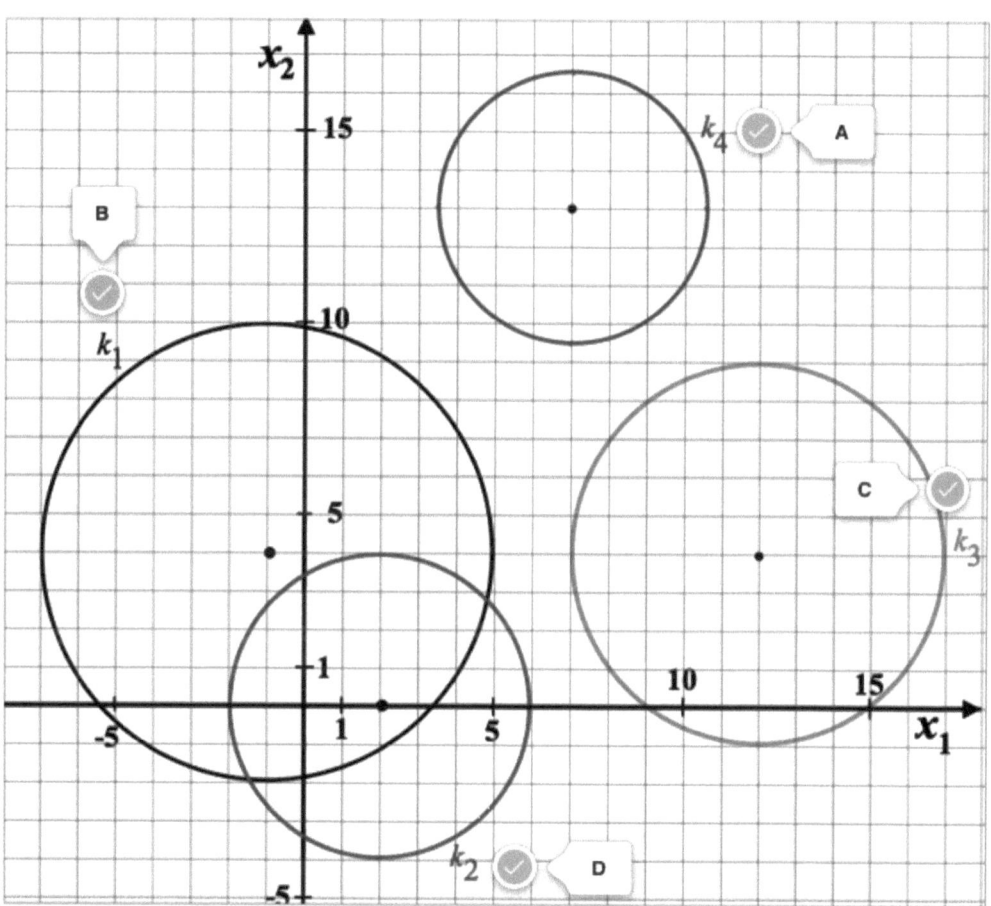

1 Kreis

Aufgabe 4 (Seite 9)

a) $\left[\vec{x} - \begin{pmatrix} 2 \\ 8 \end{pmatrix}\right]^2 = 81$ (Vektorform)

$(x_1 - 2)^2 + (x_2 - 8)^2 = 81$ (Koordinatenform)

b) $\left[\vec{x} - \begin{pmatrix} 0{,}5 \\ 3 \end{pmatrix}\right]^2 = 5$ (Vektorform)

$(x_1 - 0{,}5)^2 + (x_2 - 3)^2 = 5$ (Koordinatenform)

Aufgabe 5 (Seite 9)

$k: \vec{x}^2 = \vec{x} \bullet \vec{x} = \begin{pmatrix} x_1 \\ x_2 \end{pmatrix} \bullet \begin{pmatrix} x_1 \\ x_2 \end{pmatrix} = x_1^2 + x_2^2 = 25$

$A(1|-3)$: $1 + 9 = 10 < 25$ $\Rightarrow A \in k_i$
$B(-3|4)$: $9 + 16 = 25 = 25$ $\Rightarrow B \in k$
$C(0|5)$: $0 + 25 = 25$ $\Rightarrow C \in k$
$D(4|4)$: $16 + 16 = 32 > 25$ $\Rightarrow D \in k_a$

Aufgabe 6 (Seite 9)

a) $r = \left|\overrightarrow{MA}\right| = \left|\vec{a} - \vec{m}\right| = \left|\begin{pmatrix} 6 \\ 0 \end{pmatrix} - \begin{pmatrix} -1 \\ -3 \end{pmatrix}\right| = \left|\begin{pmatrix} 7 \\ 3 \end{pmatrix}\right| = \sqrt{49 + 9} = \sqrt{58}$

$\Rightarrow (x_1 + 1)^2 + (x_2 + 3)^2 = 58$ oder $\left[\vec{x} - \begin{pmatrix} -1 \\ -3 \end{pmatrix}\right]^2 = 58$

b) $r = \left|\overrightarrow{MA}\right| = \left|\vec{a} - \vec{m}\right| = \left|\begin{pmatrix} -4 \\ 4 \end{pmatrix} - \begin{pmatrix} -1 \\ -3 \end{pmatrix}\right| = \left|\begin{pmatrix} -3 \\ 7 \end{pmatrix}\right| = \sqrt{9 + 49} = \sqrt{58}$

$\Rightarrow (x_1 + 1)^2 + (x_2 + 3)^2 = 58$ oder $\left[\vec{x} - \begin{pmatrix} -1 \\ -3 \end{pmatrix}\right]^2 = 58$

Gleicher Kreis!

1 Kreis

Aufgabe 7 (Seite 9)

a) $(x_1 - 3)^2 + (x_2 - 4)^2 = 4 \qquad M(3|4) \quad r = 2$

$$\left[\vec{x} - \begin{pmatrix} 3 \\ 4 \end{pmatrix}\right]^2 = 4$$

b) $x_1^2 + (x_2 - 4)^2 = -3 \qquad$ kein Kreis

c) $(x_1 - 5)^2 + (x_2 - 3)^2 = 36 \qquad M(5|3) \quad r = 6$

$$\left[\vec{x} - \begin{pmatrix} 5 \\ 3 \end{pmatrix}\right]^2 = 36$$

Aufgabe 8 (Seite 9)

$M \in g \Rightarrow \vec{m} = \begin{pmatrix} 3 + \lambda \\ 1 - \lambda \end{pmatrix}$

$r = \left|\overrightarrow{MA}\right| = \left|\vec{a} - \vec{m}\right| = \left|\begin{pmatrix} -1 \\ -2 \end{pmatrix} - \begin{pmatrix} 3 + \lambda \\ 1 - \lambda \end{pmatrix}\right| = \left|\begin{pmatrix} -4 - \lambda \\ -3 + \lambda \end{pmatrix}\right|$

$r = \left|\begin{pmatrix} -(4 + \lambda) \\ \lambda - 3 \end{pmatrix}\right| = 5 \Leftrightarrow \sqrt{(4 + \lambda)^2 + (\lambda - 3)^2} = 5$

Quadrieren liefert:
$(4 + \lambda)^2 + (\lambda - 3)^2 = 25 \Leftrightarrow$
$16 + 8\lambda + \lambda^2 + \lambda^2 - 6\lambda + 9 = 25 \Leftrightarrow$
$2\lambda^2 + 2\lambda = 0 \Leftrightarrow$
$2\lambda \cdot (\lambda + 1) = 0 \Leftrightarrow$
$\lambda = 0 \lor \lambda = -1$

Durch Einsetzen der λ-Werte in die Geradenglei-chung von g erhält man zwei mögliche Punkte als Mittelpunkte von k:

$M_1(3|1)$ und $M_2(2|2)$

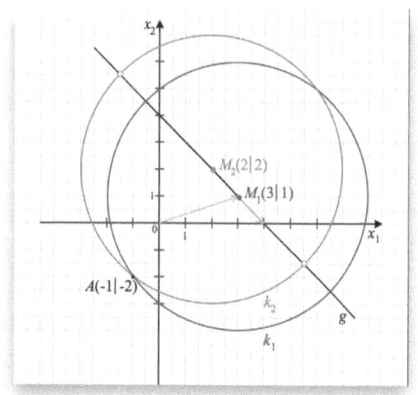

Aufgabe 9 (Seite 14)

$(\vec{b} - \vec{m}) \bullet (\vec{x} - \vec{m}) = r^2 \Leftrightarrow$

$\left(\begin{pmatrix} b_1 \\ b_2 \end{pmatrix} - \begin{pmatrix} m_1 \\ m_2 \end{pmatrix}\right) \bullet \left(\begin{pmatrix} x_1 \\ x_2 \end{pmatrix} - \begin{pmatrix} m_1 \\ m_2 \end{pmatrix}\right) = r^2 \Leftrightarrow$

$\begin{pmatrix} b_1 - m_1 \\ b_2 - m_2 \end{pmatrix} \bullet \begin{pmatrix} x_1 - m_1 \\ x_2 - m_2 \end{pmatrix} = r^2 \Leftrightarrow$

$(b_1 - m_1) \cdot (x_1 - m_1) + (b_2 - m_2) \cdot (x_2 - m_2) = r^2.$

Aufgabe 10 (Seite 14)

Nach Überprüfung, ob A, B, C auch tatsächlich Punkte des Kreises k sind, erhält man für die:

Tangente in A : $t_A : (5 - 3) \cdot (x_1 - 3) + (3{,}5 - 2) \cdot (x_2 - 2) = 6{,}25$ und damit

$$t_A : x_2 = -\frac{4}{3} x_1 + \frac{61}{6} \qquad (\, y = -\frac{4}{3} x + \frac{61}{6} \,)$$

Tangente in B : $t_B : (3 - 3) \cdot (x_1 - 3) + (-0{,}5 - 2) \cdot (x_2 - 2) = 6{,}25 \Rightarrow$

$$t_B : x_2 = -\frac{1}{2} \qquad (\, y = -\frac{1}{2} \,)$$

(t_B ist eine Parallele zur $x_1(x)$ -Achse im Abstand $|-0{,}5|$.)

Tangente in C : $t_C : (5{,}5 - 3) \cdot (x_1 - 3) + (2 - 2) \cdot (x_2 - 2) = 6{,}25 \Rightarrow$

$$t_C : x_1 = 5{,}5 \qquad (\, x = 5{,}5 \,)$$

(t_C ist eine Parallele zur $x_2(y)$ -Achse im Abstand $\frac{11}{2}$.)

Aufgabe 11 (Seite 14)

Der gegebene Kreis k hat den Mittelpunkt $M(0|0)$ und den Radius $r = 5$.

Setzt man den Ortsvektor $\vec{b} = \begin{pmatrix} 4 \\ b_2 \end{pmatrix}$ in die Kreisgleichung ein, so erhält man $16 + b_2^2 = 25$. Daraus folgt $b_2 = -3$, da b_2 kleiner 0 sein soll. Die Gleichung der Tangente durch B lautet dann:

$t : \begin{pmatrix} 4 \\ -3 \end{pmatrix} \bullet \vec{x} = 25$, da $M(0|0)$ vorliegt, oder $t : 4x_1 - 3x_2 = 25$

$$\Leftrightarrow t : x_2 = \frac{4}{3} x_1 - \frac{25}{3} \quad (\Leftrightarrow t : y = \frac{4}{3} x - \frac{25}{3})$$

1 Kreis

Aufgabe 12 (Seite 14)

a) g und k sind in Vektorform gegeben, in *Koordinatenform* erhält man:
$g: 2x_1 + x_2 = 10$ und $k: \vec{x}^2 = x_1^2 + x_2^2 = 20$
Aus g folgt: $x_2 = 10 - 2x_1$ und damit $x_2^2 = (10 - 2x_1)^2 = 100 - 40x_1 + 4x_1^2$.
Dies in k eingesetzt: $x_1^2 + 100 - 40x_1 + 4x_1^2 = 20$
$\Leftrightarrow 5x_1^2 - 40x_1 + 80 = 0$
$\Leftrightarrow x_1^2 - 8x_1 + 16 = 0 \Leftrightarrow (x_1 - 4)^2 = 0$
$\Leftrightarrow$ Es gibt genau eine Lösung, nämlich $x_1 = b_1 = 4$

Die Gerade g ist also eine Tangente an den Kreis k mit Berührpunkt $B(4|2)$.

Eleganter geht es mithilfe der *Vektorform*:

$g: \begin{pmatrix} 2 \\ 1 \end{pmatrix} \bullet \vec{x} = 10 \quad \Big| \cdot 2 \quad \Leftrightarrow \begin{pmatrix} 4 \\ 2 \end{pmatrix} \bullet \vec{x} = 20 \Rightarrow \vec{x} = \vec{b} = \begin{pmatrix} 4 \\ 2 \end{pmatrix}$ als

Ortsvektor von $X = B(4|2)$ ist einziger, gemeinsamer Punkt von g und k.

b) $g: \begin{pmatrix} -2 \\ 3 \end{pmatrix} \bullet \vec{x} = 20 \quad \Big| : 2 \quad \Leftrightarrow \begin{pmatrix} -1 \\ 1{,}5 \end{pmatrix} \bullet \vec{x} = 10 \Rightarrow$ keine Tangente

c) $g: \begin{pmatrix} -1 \\ 1 \end{pmatrix} \bullet \vec{x} = 12 \quad \Big| \cdot 6 \quad \Leftrightarrow \begin{pmatrix} -6 \\ 6 \end{pmatrix} \bullet \vec{x} = 72 \Rightarrow \vec{x} = \vec{b} = \begin{pmatrix} -6 \\ 6 \end{pmatrix}$ als

Ortsvektor von $X = B(-6|6)$ ist einziger, gemeinsamer Punkt von g und k.
Die Gerade g ist also eine Tangente an den Kreis k mit Berührpunkt $B(-6|6)$.

Aufgabe 13 (Seite 18)

$P(7|-17) \in k_a, d.h.$ $P \notin k$, da $7^2 + (-17)^2 = 49 + 289 = 338 > 169$

1. Aufstellen der *Gleichung der Polaren p* durch die zwei (noch unbekannten) Berührpunkte B und B' auf dem Kreis k mit $r = 13$. Aus
$$p: (p_1 - m_1) \cdot (x_1 - m_1) + (p_2 - m_2) \cdot (x_2 - m_2) = r^2 \text{ und } m_1 = m_2 = 0 \Rightarrow$$
$$7 \cdot x_1 - 17 \cdot x_2 = 169 \Leftrightarrow x_1 = \frac{169}{7} + \frac{17}{7} x_2 \quad (*)$$

2. $p \cap k = \{B, B'\}$: $(*)$ eingesetzt in $k: x_1^2 + x_2^2 = 169$ liefert
$$\left(\frac{169}{7} + \frac{17}{7} x_2\right)^2 + x_2^2 = 169$$
$$\Leftrightarrow \frac{169^2}{49} + \frac{34 \cdot 169}{49} x_2 + \frac{289}{49} x_2^2 + \frac{49}{49} x_2^2 = 169 \quad |:169 \quad |\cdot 49$$
$$\Leftrightarrow 169 + 34 x_2 + 2 x_2^2 = 49$$
$$\Leftrightarrow 2 x_2^2 + 34 x_2 + 120 = 0 \Leftrightarrow x_2^2 + 17 x_2 + 60 = 0$$
$$\Leftrightarrow (x_2 + 12) \cdot (x_2 + 5) = 0 \text{ (Faktorisierung oder pq-Formel)}$$
$$\Rightarrow x_2 = b_2 = -12 \qquad x_2' = b_2' = -5 \quad \text{(Werte in (*) eingesetzt)}$$
$$\Rightarrow x_1 = b_1 = -5 \qquad x_1' = b_1' = 12$$
Damit hat man die Berührpunkte $B(-5|-12)$ und $B'(12|-5)$

3. Die zwei *Tangentengleichungen* lauten dann:
$$t: \begin{pmatrix} -5 \\ -12 \end{pmatrix} \bullet \vec{x} = 169 \Leftrightarrow -5 x_1 - 12 x_2 = 169$$
$$t': \begin{pmatrix} 12 \\ -5 \end{pmatrix} \bullet \vec{x} = 169 \Leftrightarrow 12 x_1 - 5 x_2 = 169$$

1 Kreis

Aufgabe 14 (Seite 18)

a) $m_1 = -2$, $m_2 = 6$, $r = 5$, $p_1 = 3$, $p_2 = -4$

Daraus ergibt sich das (nicht lineare) Gleichungssystem mit den zwei Unbekannten b_1 und b_2, welches sich mithilfe des *Einsetzungsverfahrens* leicht lösen lässt:

$$5 \cdot (b_1 + 2) - 10 \cdot (b_2 - 6) = 25$$
$$(b_1 + 2)^2 + (b_2 - 6)^2 = 25$$

Es ergeben sich 2 Lösungen für b_2: $b_2 = 2$ und $b'_2 = 6$
und für b_1: $b_1 = -5$ und $b'_1 = 3$

Die Berührpunkte lauten dann: $B(-5|2)$ und $B'(3|6)$

b) $m_1 = 5$, $m_2 = -2$, $r = 5$, $p_1 = 12$, $p_2 = -1$

Daraus ergibt sich das (nicht lineare) Gleichungssystem mit den zwei Unbekannten b_1 und b_2, welches sich mithilfe des *Einsetzungsverfahrens* leicht lösen lässt:

$$7 \cdot (b_1 - 5) - 1 \cdot (b_2 + 2) = 25$$
$$(b_1 - 5)^2 + (b_2 + 2)^2 = 25$$

Es ergeben sich 2 Lösungen für b_1: $b_1 = 8$ und $b'_1 = 9$
und für b_2: $b_2 = 2$ und $b'_2 = -5$

Die Berührpunkte lauten dann: $B(8|2)$ und $B'(9|-5)$

Die Tangentengleichungen b): $t: \begin{pmatrix} 3 \\ 4 \end{pmatrix} \bullet \vec{x} = 32$ und $t': \begin{pmatrix} 4 \\ -3 \end{pmatrix} \bullet \vec{x} = 51$

oder (in Koordinatenform): $t: 3x_1 + 4x_2 = 32$ und $t': 4x_1 - 3x_2 = 51$

Aufgabe 15 (Seite 18)

Der Mittelpunkt des THALES-Kreises über $\overline{MP}$ ist $M'\left(\dfrac{7}{2}\bigg|\dfrac{1}{2}\right)$, seinen Radius r' erhält man aus der Beziehung $(2r')^2 = 7^2 + 1^2$ (PYTHAGORAS im ΔMP_*P mit $P_*(7|0)$): $\quad 4(r')^2 = 50 \Leftrightarrow (r')^2 = \dfrac{50}{4} = \dfrac{25 \cdot 2}{4} \Leftrightarrow r' = \dfrac{5}{2}\sqrt{2}$

Somit hat man zwei Kreisgleichungen der Kreise k und k':
$$k: x_1^2 + x_2^2 = 25 \quad \text{und} \quad k': (x_1 - \tfrac{7}{2})^2 + (x_2 - \tfrac{1}{2})^2 = \tfrac{50}{4}$$

Schnittpunkte von k und k': Lösen des Gleichungssystems:

$$\begin{cases} x_1^2 + x_2^2 = 25 \\ x_1^2 - 7x_1 + \tfrac{49}{4} + x_2^2 - x_2 + \tfrac{1}{4} = \tfrac{50}{4} \end{cases} \text{bzw.} \quad \begin{cases} x_1^2 + x_2^2 = 25 \\ \underbrace{x_1^2 + x_2^2}_{=25} - 7x_1 - x_2 = 0 \end{cases}$$

$$\begin{cases} x_1^2 + x_2^2 = 25 \\ 7x_1 + x_2 = 25 \end{cases} \text{bzw.} \quad \begin{cases} x_1^2 + x_2^2 = 25 \quad \text{(I)} \\ x_2 = 25 - 7x_1 \quad \text{(II)} \end{cases} \quad \text{(II) in (I):} \Rightarrow x_1^2 + (25 - 7x_1)^2 = 25$$

Man erhält schließlich die quadratische Gleichung
$$x_1^2 - 7x_1 + 12 = 0 \Leftrightarrow (x_1 - 3) \cdot (x_1 - 4) = 0 \quad \text{mit den Lösungen 3 und 4.}$$
Die zugehörigen x_2-Werte erhält man aus (II), nämlich 4 und -3.

Die Berührpunkte sind dann: $B(3|4)$ und $B'(4|-3)$.

Die Gleichungen der beiden von $P(7|1)$ ausgehenden Tangenten sind dann:
$$t: \vec{x} = \begin{pmatrix} 3 \\ 4 \end{pmatrix} + \lambda \cdot \begin{pmatrix} 4 \\ -3 \end{pmatrix} \quad \text{und} \quad t': \vec{x} = \begin{pmatrix} 4 \\ -3 \end{pmatrix} + \lambda' \cdot \begin{pmatrix} 3 \\ 4 \end{pmatrix}.$$

1 Kreis

Aufgabe 16 (Seite 21)

Koordinatengleichungen sind:
$k: x_1^2 + x_2^2 = 25 \quad \Rightarrow \quad M(0|0) \; ; \; r = 5$

$k': 2x_1^2 + 2x_2^2 - 4x_1 - 3x_2 = 25 \quad |:2$

$x_1^2 + x_2^2 - 2x_1 - \frac{3}{2}x_2 = \frac{25}{2} \Leftrightarrow x_1^2 - 2x_1 + \underline{1} + x_2^2 - \frac{3}{2}x_2 + \underline{\left(\frac{3}{4}\right)^2} = \frac{25}{2} + \underline{1} + \underline{\left(\frac{3}{4}\right)^2} \Leftrightarrow$

$(x_1 - 1)^2 + (x_2 - \frac{3}{4})^2 = \left(\frac{15}{4}\right)^2 \quad \Rightarrow \quad M'(1|\frac{3}{4}) \; ; \; r' = \frac{15}{4} = 3{,}75$

$k'': x_1^2 + x_2^2 - 12x_1 - 9x_2 = -50$

$(x_1 - 6)^2 + (x_2 - \frac{9}{2})^2 = \left(\frac{5}{2}\right)^2 \quad \Rightarrow \quad M''(6|4{,}5) \; ; \; r'' = \frac{5}{2} = 2{,}5$

Berühren heißt, die Mittelpunkte erfüllen die Bedingung
$$\left|\overline{M_1 M_2}\right| = \left|r_1 + r_2\right| \quad \text{oder} \quad = \left|r_1 - r_2\right|$$

Es gilt: $|r + r'| = |5 + 3{,}75| = 8{,}75$ sowie $|r - r'| = |5 - 3{,}75| = 1{,}25$

Es gilt: $|r + r''| = |5 + 2{,}5| = 7{,}5$ sowie $|r - r''| = |5 - 2{,}5| = 2{,}5$

k berührt $k' \Leftrightarrow \left|\overline{MM'}\right| = \sqrt{1^2 + \left(\frac{3}{4}\right)^2} = \sqrt{\frac{25}{16}} = \frac{5}{4} = 1{,}25 = |r - r'|$

k berührt $k'' \Leftrightarrow \left|\overline{MM''}\right| = \sqrt{6^2 + 4{,}5^2} = \sqrt{36 + 20{,}25} = \sqrt{56{,}25} = 7{,}5 = |r + r''|$

k berührt den Kreis k' in $(4|3)$ von innen ; k berührt den Kreis k'' ebenfalls in $(4|3)$ von außen.

Bem.: „___" markiert die „quadratische Ergänzung".

Aufgabe 17 (Seite 22)

a) Ein Kreis liegt getrennt außerhalb des anderen. Es gibt somit keinen gemeinsamen Punkt.
b) Schnittpunkte sind : $S(2|9)$ und $S'(9,2|-0,6)$.
c) Berührung von außen in $B(-2|-2)$.
d) Berührung von innen in $B(7|-9)$.

Aufgabe 18 (Seite 22)

Kreis k: $\vec{m} = \begin{pmatrix} 1 \\ 1 \end{pmatrix}$ bzw. $M(1|1)$ mit $r = \sqrt{17}$

$k: (x_1 - 1)^2 + (x_2 - 1)^2 = 17$ **(1)**

Kreis k': $\vec{m'} = \begin{pmatrix} 4 \\ -2 \end{pmatrix}$ bzw. $M'(4|-2)$ mit $r' = \sqrt{17}$

$k': (x_1 - 4)^2 + (x_2 + 2)^2 = 17$ **(2)**

$k \cap k'$: $x_1^2 + x_2^2 - 2x_1 - 2x_2 = 15$ **(3)**
$x_1^2 + x_2^2 - 8x_1 + 4x_2 = -3$ **(4)**

(3) - (4) liefert die Beziehung:

$-2x_1 - 2x_2 + 8x_1 - 4x_2 = 18 \Leftrightarrow 6x_1 - 6x_2 = 18 \,|:6 \Leftrightarrow x_1 = x_2 + 3$ **(5)**

(5) eingesetzt in **(1)**:

$(x_2 + 3 - 1)^2 + (x_2 - 1)^2 = 17$

Nach Auflösen der Klammern ergibt sich die **quadratische Gleichung**:

$x_2^2 + x_2 - 6 = 0 \Leftrightarrow (x_2 + 3) \cdot (x_2 - 2) = 0$

Daraus folgt: $\quad x_2 = -3 \ \vee \ x_2 = 2$
$x_1 = 0 \ \ \vee \ x_1 = 5 \ \Rightarrow \ S_1(0|-3)$ und $S_2(5|2)$

Man erhält außerdem $\vec{s_1} - \vec{m} = \begin{pmatrix} -1 \\ -4 \end{pmatrix}$ und $\vec{s_1} - \vec{m'} = \begin{pmatrix} -4 \\ -1 \end{pmatrix}$; für den **Winkel** in S_1

gilt $\alpha = \sphericalangle(\vec{s_1} - \vec{m}, \vec{s_1} - \vec{m'})$ mit $|\vec{s_1} - \vec{m}| = r$ und $|\vec{s_1} - \vec{m'}| = r'$

$\Rightarrow \cos(\alpha) = \left| \dfrac{(\vec{s_1} - \vec{m}) \bullet (\vec{s_1} - \vec{m'})}{r \cdot r'} \right| = \dfrac{8}{17} \approx 0{,}4706 \Rightarrow \alpha = 61{,}93°$, gleicher $\sphericalangle$ bei S_2.

1 Kreis

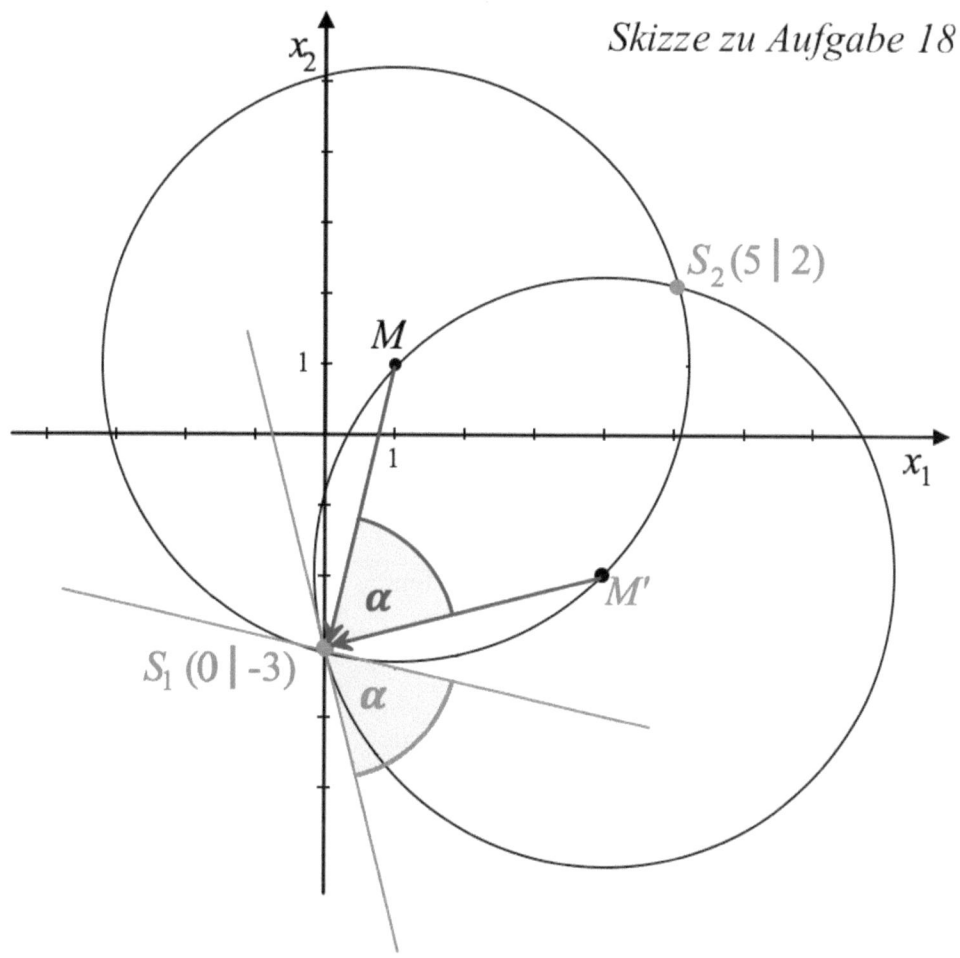

Skizze zu Aufgabe 18

Aufgabe 19 (Seite 30)

Aus der Zeichnung ergibt sich sofort: $m_1 = m_2 = r$.

Außerdem muss gelten: $\left|\overrightarrow{MB}\right| = r \Rightarrow \left|\overrightarrow{MB}\right|^2 = \overrightarrow{MB}^2 = r^2$ mit $\overrightarrow{MB} = \begin{pmatrix} 3\sqrt{2} - r \\ 3\sqrt{2} - r \end{pmatrix}$

$\Leftrightarrow \overrightarrow{MB}^2 = \overrightarrow{MB} \bullet \overrightarrow{MB} = (3\sqrt{2} - r)^2 + (3\sqrt{2} - r)^2 = r^2$

$\Leftrightarrow 2(3\sqrt{2} - r)^2 = 2(18 - 6\sqrt{2} \cdot r + r^2) = r^2 \quad \Leftrightarrow \quad 36 - 12\sqrt{2} \cdot r + 2r^2 = r^2$

$\Leftrightarrow r^2 - 12\sqrt{2} \cdot r + 36 = 0$ Mithilfe der pq-Formel folgt: $r_{1,2} = +6\sqrt{2} \pm \sqrt{72 - 36}$

$\Leftrightarrow r_{1,2} = 6\sqrt{2} \pm 6 \quad \Rightarrow \quad r_1 = 6(\sqrt{2} + 1) \approx 14{,}5$ entfällt, da $14{,}5 > 3\sqrt{2} \approx 4{,}2$

$r_2 = 6(\sqrt{2} - 1) \approx 2{,}5 < 3\sqrt{2}$, also ist $r = 6(\sqrt{2} - 1)$

Ergebnis demnach: $M(6\sqrt{2} - 6 | 6\sqrt{2} - 6)$ und $r = 6\sqrt{2} - 6$.

Aufgabe 20 (Seite 30)

a) $k: x_1^2 + x_2^2 = 6^2$

b) Die 4 Kreise haben alle den gleichen Radius
$r = r_1 = r_3 = 6\sqrt{2} - 6 = 6 \cdot (\sqrt{2} - 1)$
Die Mittelpunkte der Kreise k_1 und k_3 lauten:
$M_1(6\sqrt{2} - 6 | 6\sqrt{2} - 6)$
$M_3(-6\sqrt{2} + 6 | -6\sqrt{2} + 6)$

c) Der Abstand d dieser Mittelpunkte voneinander beträgt dann:

$d = d(M_1; M_3) = \sqrt{(-6\sqrt{2} + 6 - 6\sqrt{2} + 6)^2 + (-6\sqrt{2} + 6 - 6\sqrt{2} + 6)^2}$

$d = d(M_1; M_3) = \sqrt{2 \cdot (12 - 12\sqrt{2})^2} = \sqrt{2} \cdot (12 - 12\sqrt{2})$

$d = d(M_1; M_3) = \underbrace{\left|12\sqrt{2} - 24\right|}_{<0,\text{ daher Betrag!}} = 24 - 12\sqrt{2} = 12 \cdot (2 - \sqrt{2})$

Damit ergibt sich für den **Abstand a der Kreise k_1** und k_3:

$a = d(M_1; M_3) - r_1 - r_3$

$a = 24 - 12\sqrt{2} - \left(6\sqrt{2} - 6\right) - \left(6\sqrt{2} - 6\right)$

$a = 24 - 12\sqrt{2} - 6\sqrt{2} + 6 - 6\sqrt{2} + 6$

$a = 36 - 24\sqrt{2} = 12 \cdot (3 - 2\sqrt{2}) \qquad a \approx 2{,}06$ (LE).

Aufgabe 21 (Seite 31)

Für den Abstand der Kreismittelpunkte ($M(1|2)$; $M^*(m_1|m_2)$) gilt die Formel:

$$\left|\overrightarrow{MM^*}\right| = |\vec{m}^* - \vec{m}| = \left|\binom{m_1}{m_2} - \binom{1}{2}\right| = \left|\binom{m_1 - 1}{m_2 - 2}\right| = \sqrt{(m_1 - 1)^2 + (m_2 - 2)^2}$$

Ferner gilt für die Kreisradien: $r = 3$ und $r^* = 2$, also $r + r^* = 5$
und $r - r^* = 1$

$\left|\overrightarrow{MM^*}\right|^2 = (m_1 - 1)^2 + (m_2 - 2)^2$ wird verglichen mit $(r + r^*)^2$ bzw. $(r - r^*)^2$

a) $(m_1 - 1)^2 + (m_2 - 2)^2 > 5^2 = 25$
b) $(m_1 - 1)^2 + (m_2 - 2)^2 = 25$
c) $1 < (m_1 - 1)^2 + (m_2 - 2)^2 < 25$
d) $(m_1 - 1)^2 + (m_2 - 2)^2 = 1$
e) $(m_1 - 1)^2 + (m_2 - 2)^2 < 1$
f) $(m_1 - 1)^2 + (m_2 - 2)^2 = 0$, also $m_1 = 1$ und $m_2 = 2$, d.h.: $M = M^*$.

Aufgabe 22 (Seite 31)

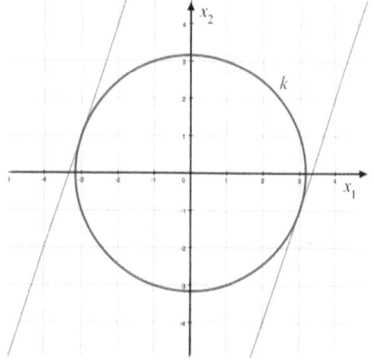

$g: 3x_1 - x_2 = c \Leftrightarrow x_2 = 3x_1 - c$ eingesetzt in die Kreisgleichung

$$x_1^2 + (3x_1 - c)^2 = 10$$
$$\Leftrightarrow x_1^2 + 9x_1^2 - 6cx_1 + c^2 = 10$$
$$\Leftrightarrow 10x_1^2 - 6cx_1 + c^2 - 10 = 0 \,|\, :10$$
$$\Leftrightarrow x_1^2 - 0{,}6cx_1 + \frac{c^2}{10} - 1 = 0$$

$$x_1^{1,2} = +0{,}3c \pm \sqrt{0{,}09c^2 - \frac{c^2}{10} + 1}\ ;\ \text{damit es genau eine Lösung für } x_1 \text{ gibt,}$$

muss der Radikand = 0 sein: $0{,}09c^2 - \dfrac{c^2}{10} + 1 = 0 \,|\, \cdot 100$

$$\Leftrightarrow 9c^2 - 10c^2 + 100 = 0$$
$$\Leftrightarrow c^2 = 100 \Leftrightarrow c = \pm 10$$

Es gibt also zwei Werte für c und damit zwei Geraden, die den Kreis k in den Punkten

$B_1(3|-1)$ bzw. $B_2(-3|1)$ berühren.

Aufgabe 23 (Seite 31)

Der Schnittpunkt der „Führungsschienen" ist also der Ursprung des Koordinatensystems, die sich bewegenden Endpunkte des Stabes bzw. der Strecke s seien A und B mit den zugehörigen Ortsvektoren $\vec{a}$ bzw. $\vec{b}$.

Nach dem Satz des Pythagoras ($\triangle AOB$) gilt:
$$\vec{a}^2 + \vec{b}^2 = \vec{s}^2 \quad (1)$$

Für den Mittelpunkt X mit Ortsvektor $\vec{x}$ des Stabes $\overline{AB}$ erhält man:

$$\vec{x} = \frac{1}{2} \cdot (\vec{a} + \vec{b}) \quad (2)$$

$$\vec{x}^2 = \frac{1}{4} \cdot (\vec{a} + \vec{b})^2 = \frac{\vec{a}^2 + 2\vec{a} \bullet \vec{b} + \vec{b}^2}{4}$$

Da die Vektoren $\vec{a}$ und $\vec{b}$ aufeinander senkrecht stehen, ist $\vec{a} \bullet \vec{b} = 0$.

$$\Rightarrow \vec{x}^2 = \frac{1}{4} \cdot (\vec{a} + \vec{b})^2$$

$$\Rightarrow \vec{x}^2 = \frac{1}{4} \cdot (\underbrace{\vec{a}^2 + \vec{b}^2}_{=\vec{s}^2} + 2 \cdot \underbrace{\vec{a} \bullet \vec{b}}_{=0}) = \frac{\vec{s}^2}{4}$$

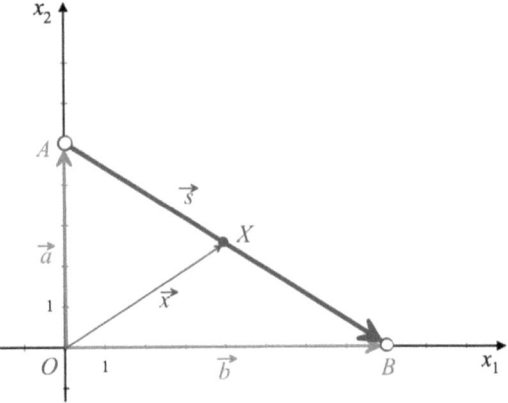

$$\Rightarrow \vec{x}^2 = \frac{\vec{s}^2}{4} = \frac{s^2}{4} \text{ ist die Gleichung eines Kreises mit dem Ursprung}$$

als Mittelpunkt und dem Radius $r = \frac{s}{2}$, da $\vec{s}^2 = \left|\vec{s}\right|^2 = s^2$ gilt.

2 Kugel

> *sphaera* (lat.): Kugel, Himmelsglobus, Kreisbahn (der Planeten)

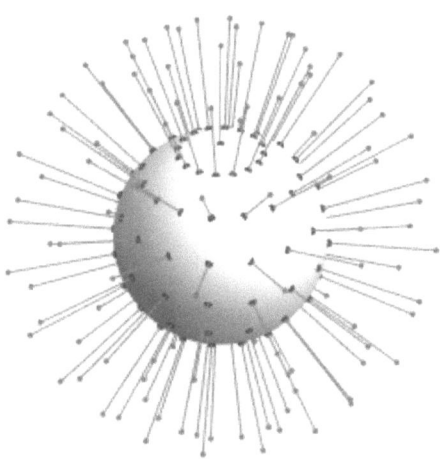

Lösungen der Aufgaben

Aufgabe 1 (Seite 37)

Aus der gegebenen Gleichung erhält man:
$(x_1^2 - 4x_1) + (x_2^2 + 6x_2) + x_3^2 = -14$
Quadratische Ergänzung liefert:
$(x_1^2 - 4x_1 + 4) + (x_2^2 + 6x_2 + 9) + x_3^2 = -14 + 4 + 9$
$\Leftrightarrow (x_1 - 2)^2 + (x_2 + 3)^2 + x_3^2 = -1 = r^2$
Daraus folgt: Die gegebene Gleichung beschreibt **keine** Kugel, da r^2 nicht negativ sein kann.

Aufgabe 2 (Seite 37)

a) Die zugehörigen *Kugelgleichungen* lauten:
$K_1: x_1^2 + (x_2 + 3)^2 + (x_3 - 2)^2 = 1$; $K_2: (x_1 - \sqrt{2})^2 + (x_2 - 2)^2 + (x_3 + 1)^2 = 3$
$K_3: x_1^2 + x_2^2 + x_3^2 = 4$

b) Um die Lage des Punktes $A(0|1|-1)$ bezüglich der drei Kugeln zu untersuchen, setzt man die Koordinaten von A ($x_1 = 0, x_2 = 1, x_3 = -1$) in die „linken" Seiten der Kugelgleichungen jeweils ein und vergleicht dann jeweils mit den „rechten" Seiten dieser Gleichungen. Auf diese Weise ergibt sich:
für K_1: $0^2 + (1 + 3)^2 + (-1 - 2)^2 = 25$; $25 > 1$ ($5 > 1$)
für K_2: $(0 - \sqrt{2})^2 + (1 - 2)^2 + (-1 + 1)^2 = 2 + 1 = 3$; $3 = 3$ ($\sqrt{3} = \sqrt{3}$)
für K_3: $0^2 + 1^2 + (-1)^2 = 2$; $2 < 4$ ($\sqrt{2} < 2$)
Da die „linke Seite" der Gleichung das Quadrat des Abstandes des Punktes A vom Mittelpunkt M der Kugel und die „rechte Seite" das Quadrat vom Kugelradius r darstellt, ergibt sich die Lösung wie folgt:
- A liegt außerhalb der Kugel K_1, da sein Abstand von M_1 größer als r_1 ist.
- A liegt auf der Kugeloberfläche K_2, da sein Abstand von M_2 gleich r_2 ist.
- A liegt im Innern der Kugel K_3, da sein Abstand von M_3 kleiner als r_3 ist.

Aufgabe 3 (Seite 37/38)

Aufgabe 3 *Kugeln und Kugelgleichungen*
Ordnen Sie die Kugelgleichungen begründet den richtigen Kugeln *I*, *II* oder *III* zu.

$K_1: (x_1 - 2)^2 + (x_2 - 3)^2 + (x_3 - 2.5)^2 = 6.25$

$K_2: (x_1 - 2)^2 + (x_2 + 2)^2 + x_3^2 = 1$

$K_3: (x_1 + 1)^2 + (x_2 + 3)^2 + (x_3 - 4)^2 - 3 = 0$

Kugeln im Raum

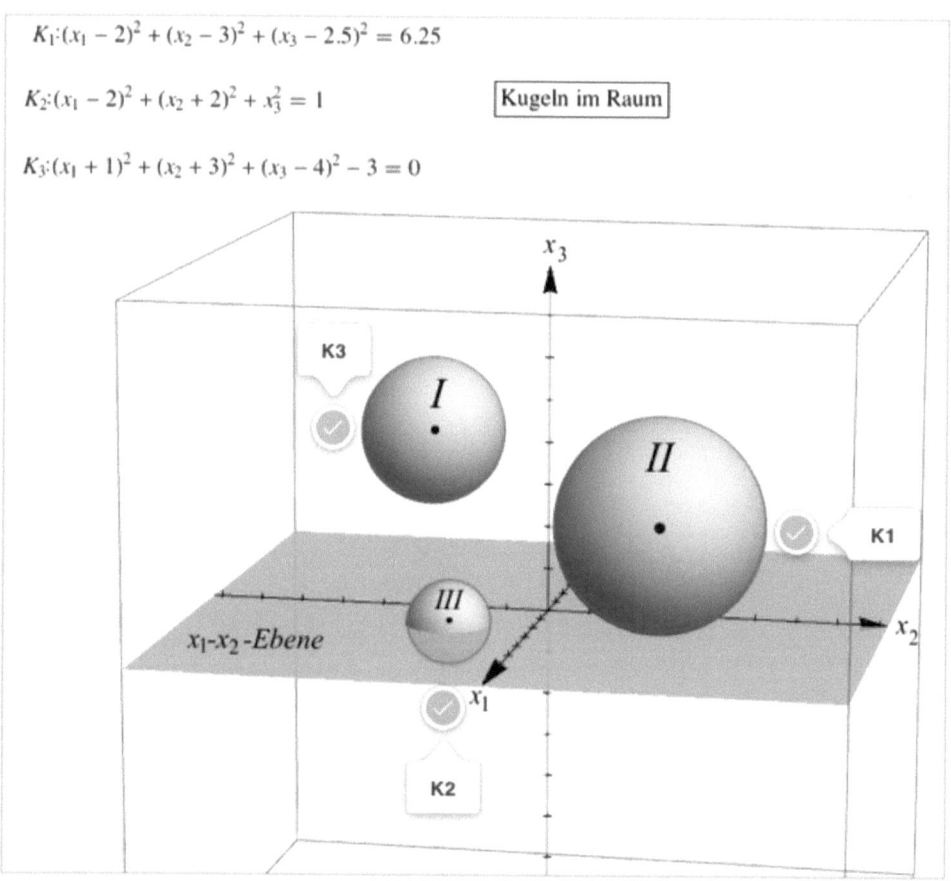

Aufgabe 4 (Seite 40)

a) Zu zeigen: die Vektoren $\vec{b}-\vec{a}$, $\vec{c}-\vec{a}$, $\vec{d}-\vec{a}$ sind nicht komplanar (d.h. sind linear unabhängig) oder man stellt eine Ebenengleichung für die 3 Punkte A, B, C auf und zeigt, dass $D \notin e_{ABC}$ gilt.

$\vec{b}-\vec{a} = \begin{pmatrix} -12 \\ -15 \\ -9 \end{pmatrix}$, $\vec{c}-\vec{a} = \begin{pmatrix} 0 \\ 1 \\ -7 \end{pmatrix}$, $\vec{d}-\vec{a} = \begin{pmatrix} -8 \\ 9 \\ -1 \end{pmatrix}$ sind linear unabhängig

$\Leftrightarrow$

wenn das *Spatprodukt* der 3 Vektoren $\neq 0$ ist.

$\begin{pmatrix} -12 \\ -15 \\ -9 \end{pmatrix} \bullet \left(\begin{pmatrix} 0 \\ 1 \\ -7 \end{pmatrix} \times \begin{pmatrix} -8 \\ 9 \\ -1 \end{pmatrix} \right) = \begin{pmatrix} -12 \\ -15 \\ -9 \end{pmatrix} \bullet \begin{pmatrix} 62 \\ 56 \\ 8 \end{pmatrix} = -1656 \neq 0$

b) Die Punkte A, B, C, D sollen auf der Kugel $K: \left(\vec{x} - \begin{pmatrix} -4 \\ 2 \\ 3 \end{pmatrix} \right)^2 = 13^2 = 169$

liegen, d.h. auf $K: (x_1+4)^2 + (x_2-2)^2 + (x_3-3)^2 = 169$.

$A(8|5|7)$: $12^2 + 3^2 + 4^2 = 144 + 9 + 16 = 169$ ✓
$B(-4|-10|-2)$: $0^2 + (-12)^2 + (-5)^2 = 144 + 25 = 169$ ✓
$C(8|6|0)$: $12^2 + 4^2 + (-3)^2 = 144 + 16 + 9 = 169$ ✓
$D(0|14|6)$: $4^2 + 12^2 + 3^2 = 16 + 144 + 9 = 169$ ✓

Aufgabe 5 (Seite 43)
Koordinatenvergleich liefert für die Koordinaten der Punkte X auf der Geraden g:
$$x_1 = 2\lambda \; ; \; x_2 = \lambda \; ; \; x_3 = \lambda$$
Diese eingesetzt in die Kugelgleichung $(x_1 - 1)^2 + (x_2 - 1)^2 + (x_3 - 1)^2 = 1$ ergibt:
$$(2\lambda - 1)^2 + (\lambda - 1)^2 + (\lambda - 1)^2 = 1$$
$$\Leftrightarrow 6\lambda^2 - 8\lambda + 2 = 0 \;\Big|:6 \;\Leftrightarrow\; \lambda^2 - \frac{4}{3}\lambda + \frac{1}{3} = 0$$
$$\Rightarrow \lambda_{1,2} = \frac{2}{3} \pm \sqrt{\left(\frac{2}{3}\right)^2 - \frac{1}{3}} = \frac{2}{3} \pm \sqrt{\frac{1}{9}} = \frac{2}{3} \pm \frac{1}{3}$$
$$\Rightarrow \lambda_1 = 1 \quad \text{und} \quad \lambda_2 = \frac{1}{3}$$

Die Gerade g ist also eine **Sekante** zur Kugel K und schneidet diese in den Punkten
$$S_1(2|1|1) \quad \text{und} \quad S_2\left(\frac{2}{3}\Big|\frac{1}{3}\Big|\frac{1}{3}\right).$$

Aufgabe 6 (Seite 43)
a) $S_1(\frac{1}{3}|\frac{2}{3}|\frac{2}{3})$ und $S_2(-1|0|0)$

b) $S_1(4|6|2)$ und $S_2(-8\frac{2}{3}|-6\frac{2}{3}|-10\frac{2}{3})$

Aufgabe 7a (Seite 43)
a) $g: \vec{x} = \begin{pmatrix} 3 \\ -1 \\ 8 \end{pmatrix} + \lambda \cdot \begin{pmatrix} -1 \\ 1 \\ -1 \end{pmatrix} = \begin{pmatrix} 3-\lambda \\ -1+\lambda \\ 8-\lambda \end{pmatrix}$ Koordinaten eingesetzt in K:

$(3-\lambda)^2 + \lambda^2 + (-\lambda)^2 = 33$ Auflösen und vereinfachen liefert:

$\lambda^2 - 2\lambda - 8 = 0 \Leftrightarrow (\lambda - 4) \cdot (\lambda + 2) = 0 \Rightarrow \lambda_1 = 4 \wedge \lambda_2 = -2$

Also: $S_1(-1|3|4) \quad S_2(5|-3|10)$

Die Gerade g ist demnach eine **Sekante** der Kugel K.

Aufgabe 7b (Seite 43)

b) $g: \vec{x} = \begin{pmatrix} 9 \\ 3 \\ 5 \end{pmatrix} + \lambda \cdot \begin{pmatrix} -8 \\ 0 \\ 6 \end{pmatrix} = \begin{pmatrix} 9 - 8\lambda \\ 3 \\ 5 + 6\lambda \end{pmatrix}$ Koordinaten eingesetzt in K:

$(7 - 8\lambda)^2 + (3 - 3)^2 + (1 + 6\lambda)^2 = 25$ Auflösen und vereinfachen liefert:

$\lambda^2 - \lambda + \dfrac{1}{4} = 0 \Leftrightarrow \left(\lambda - \dfrac{1}{2}\right)^2 = 0 \Rightarrow \lambda_1 = \lambda_2 = \dfrac{1}{2}$

Also: Es gibt genau einen Schnitt-(Berühr-)Punkt $B(5|3|8)$
Die Gerade g ist demnach eine **Tangente** an die Kugel K.

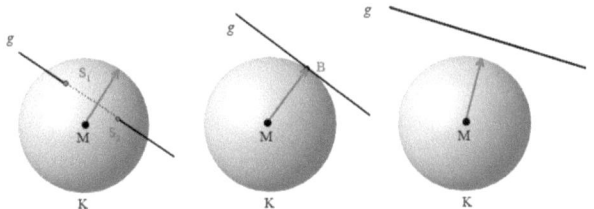

Aufgabe 8 (Seite 45)

Da B auf der Kugel(-oberfläche) liegt, gilt: $\left|\vec{b} - \vec{m}\right| = r$ für den Kugelradius.

$r = \left|\begin{pmatrix} 3 \\ 6 \\ -2 \end{pmatrix}\right| = \sqrt{3^2 + 6^2 + (-2)^2} = \sqrt{49} = 7$, also $r = 7$.

Die Kugelgleichung lautet dann: $K: \left(\vec{x} - \begin{pmatrix} 2 \\ 3 \\ -1 \end{pmatrix}\right)^2 = 49$

Aufstellen der **Gleichung der Tangentialebene** e_T: $e_T: (\vec{b} - \vec{m}) \bullet (\vec{x} - \vec{m}) = r^2$

$\left(\begin{pmatrix} 5 \\ 9 \\ -3 \end{pmatrix} - \begin{pmatrix} 2 \\ 3 \\ -1 \end{pmatrix}\right) \bullet \left(\vec{x} - \begin{pmatrix} 2 \\ 3 \\ -1 \end{pmatrix}\right) = 49$

$\begin{pmatrix} 3 \\ 6 \\ -2 \end{pmatrix} \bullet \left(\vec{x} - \begin{pmatrix} 2 \\ 3 \\ -1 \end{pmatrix}\right) = 49 \Leftrightarrow \begin{pmatrix} 3 \\ 6 \\ -2 \end{pmatrix} \bullet \vec{x} - 26 = 49 \Leftrightarrow \begin{pmatrix} 3 \\ 6 \\ -2 \end{pmatrix} \bullet \vec{x} = 75$

Damit lautet die Gleichung der Tangentialebene e_T:

$e_T: \begin{pmatrix} 3 \\ 6 \\ -2 \end{pmatrix} \bullet \vec{x} = 75$ oder $e_T: 3x_1 + 6x_2 - 2x_3 = 75$.

2 Kugel

Aufgabe 9 (Seite 46)

a) $B(1|\frac{1}{2}|-\frac{1}{2})$ und $r = \sqrt{\frac{3}{2}} = \frac{1}{2}\sqrt{6} \approx 1{,}225$

b) $B(\frac{16}{425}|-\frac{80}{425}|\frac{12}{425})$ und $r = \frac{4}{\sqrt{425}} = \frac{4}{85}\sqrt{17} \approx 0{,}194$

Aufgabe 10 (Seite 48)

a) **Die Ebene e berührt die Kugel K** in $B(\frac{2}{3}|\frac{2}{3}|\frac{1}{3})$.

b) **Die Ebene e und die Kugel K haben keinen gemeinsamen Punkt.** Sie „meiden" sich.

Ein paar „Kontrolldaten" zu b):

$e: \begin{pmatrix} 1 \\ -1 \\ 7 \end{pmatrix} \bullet \vec{x} - 15 = 0$; $\vec{n} = \begin{pmatrix} 1 \\ -1 \\ 7 \end{pmatrix}$; $K: M(-4|1|-1)$; $r = \sqrt{7} \approx 2{,}65$

Lotgerade $g: \vec{x} = \begin{pmatrix} -4 \\ 1 \\ -1 \end{pmatrix} + \lambda \cdot \begin{pmatrix} 1 \\ -1 \\ 7 \end{pmatrix}$; $g \cap e = \{P\}$ ergibt $\lambda = \frac{9}{17}$ und damit $P\left(-\frac{59}{17}\Big|\frac{8}{17}\Big|\frac{46}{17}\right)$

Man erhält als Abstand $d = d(M;P) = d(M;e) = \sqrt{\left(\frac{9}{17}\right)^2 + \left(-\frac{9}{17}\right)^2 + \left(\frac{63}{17}\right)^2}$,

$d = \sqrt{\frac{81 + 81 + 63^2}{17^2}} = 3{,}78 > 2{,}65 = r$.

Der Abstand a Ebene-Kugel wäre somit $a = d(e;M) - r \approx 3{,}78 - 2{,}65 = 1{,}13$ LE.

Aufgabe 11 (Seite 48)

a) **Die Ebene e schneidet die Kugel K.**

b) **Die Ebene e berührt die Kugel K.**

Aufgabe 12 (Seite 48)

Die Ebene e und die Kugel K haben keinen gemeinsamen Punkt.
Sie „meiden" sich.

Aufgabe 13 (Seite 59)

a) **Die Ebene e berührt die Kugel K** in $B(\frac{2}{3}|\frac{2}{3}|\frac{1}{3})$. Also ist der
Abstand $a = d(e; K) = 0$.

b) **Die Ebene e und die Kugel K haben keinen gemeinsamen Punkt.** Sie „meiden" sich.
Ein paar „Kontrolldaten" zu b):

$$e: \begin{pmatrix} 1 \\ -1 \\ 7 \end{pmatrix} \bullet \vec{x} - 15 = 0 \;;\; \vec{n} = \begin{pmatrix} 1 \\ -1 \\ 7 \end{pmatrix} \;;\; K: M(-4|1|-1) \;;\; r = \sqrt{7} \approx 2{,}65$$

Lotgerade $g: \vec{x} = \begin{pmatrix} -4 \\ 1 \\ -1 \end{pmatrix} + \lambda \cdot \begin{pmatrix} 1 \\ -1 \\ 7 \end{pmatrix}$; $g \cap e = \{P\}$ ergibt $\lambda = \frac{9}{17}$ und damit

$P\left(-\frac{59}{17}\middle|\frac{8}{17}\middle|\frac{46}{17}\right)$

Man erhält als Abstand $d = d(M; P) = d(M; e) = \sqrt{\left(\frac{9}{17}\right)^2 + \left(-\frac{9}{17}\right)^2 + \left(\frac{63}{17}\right)^2}$,

$d = \sqrt{\dfrac{81 + 81 + 63^2}{17^2}} = 3{,}78 > 2{,}65 = r$.

Der **Abstand a** Ebene-Kugel ist somit

$$a = d(e; K) = d(e; M) - r \approx 3{,}78 - 2{,}65 = 1{,}13 \text{ (LE)}.$$

Aufgabe 14 (Seite 59)

a) *Schnittkreis mit $r > 0$*
Ebene $e: x_3 = c$ ist eine Parallelebene zur x_1x_2 – Ebene im Abstand c mit dem
Normalenvektor $\vec{n} = \begin{pmatrix} 0 \\ 0 \\ 1 \end{pmatrix}$; Kreis K mit $M(3|-1|2)$ und $r = \sqrt{20} = 2\sqrt{5}$

Lotfußpunkt P des Lotes g von M auf e : $P(3|-1|c) \in e$
Abstand Mittelpunkt M der Kugel zur Ebene e : $d = d(M;e) = d(M;P) = |2-c|$
Schnittkreis mit $r > 0 \Leftrightarrow d < r \Leftrightarrow |2-c| = |c-2| < r \Leftrightarrow -r < c - 2 < r$
$\Leftrightarrow 2 - r < c < 2 + r$
$\Leftrightarrow 2 - 2\sqrt{5} < c < 2 + 2\sqrt{5}$

b) *Schnittkreis mit $r = 0 \Leftrightarrow e =$ Tangentialebene*
$c_1 = 2 - 2\sqrt{5} = 2 \cdot (1 - \sqrt{5})$, $c_2 = 2 \cdot (1 + \sqrt{5})$

c) $e \cap K = \{\} \Leftrightarrow d = d(M;e) > r \Leftrightarrow |c-2| > r \Leftrightarrow c - 2 > r \vee c - 2 < -r$
$\Leftrightarrow c > 2 + r \vee c < 2 - r$
$\Leftrightarrow c < 2 - 2\sqrt{5} \vee c > 2 + 2\sqrt{5}$.

Aufgabe 15 (Seite 59)

❶ Normalenvektor der Ebene e ist : $\vec{n} = \begin{pmatrix} 1 \\ 0 \\ 2 \end{pmatrix} \times \begin{pmatrix} 0 \\ 1 \\ -1 \end{pmatrix} = \begin{pmatrix} -2 \\ 1 \\ 1 \end{pmatrix}$, also gilt:

$e: \begin{pmatrix} -2 \\ 1 \\ 1 \end{pmatrix} \bullet \left[\vec{x} - \begin{pmatrix} 1 \\ 0 \\ 1 \end{pmatrix} \right] = 0 \Leftrightarrow \begin{pmatrix} -2 \\ 1 \\ 1 \end{pmatrix} \bullet \vec{x} + 1 = 0$; $M(1|-2|0)$; r ist gesucht.

❷ *Lotgerade* $g: \vec{x} = \vec{m} + s \cdot \vec{n} = \begin{pmatrix} 1 \\ -2 \\ 0 \end{pmatrix} + s \cdot \begin{pmatrix} -2 \\ 1 \\ 1 \end{pmatrix}$

❸ *Schnittmenge* $g \cap e = \{P\} \Leftrightarrow \begin{pmatrix} -2 \\ 1 \\ 1 \end{pmatrix} \bullet \left[\begin{pmatrix} 1 \\ -2 \\ 0 \end{pmatrix} + s \cdot \begin{pmatrix} -2 \\ 1 \\ 1 \end{pmatrix} \right] + 1 = 0$

$\Leftrightarrow -4 + 6s + 1 = 0 \Leftrightarrow s = \dfrac{1}{2} \Rightarrow \vec{p} = \begin{pmatrix} 0 \\ -1{,}5 \\ 0{,}5 \end{pmatrix}$, also ist $P(0|-1{,}5|0{,}5) =$ **B**(erührpunkt) auf K

❹ Der Kugelradius r ist dann:
$r = d(P;M) = \sqrt{(1-0)^2 + (-2-(-1{,}5))^2 + (0-0{,}5)^2} = \sqrt{1 + 0{,}25 + 0{,}25}$
$r = \sqrt{1{,}5} = \sqrt{\dfrac{3}{2}} = \dfrac{1}{2} \cdot \sqrt{6} \Rightarrow K: (x_1 - 1)^2 + (x_2 + 2)^2 + x_3^2 = \dfrac{3}{2}$.

Aufgabe 16 (Seite 59)

❶ $e: \begin{pmatrix} 1 \\ 4 \\ -6 \end{pmatrix} \cdot \vec{x} - 18 = 0 \quad M(3|-2|5) \quad r = \sqrt{53}$

❷ Lotgerade $g: \vec{x} = \begin{pmatrix} 3 \\ -2 \\ 5 \end{pmatrix} + \lambda \begin{pmatrix} 1 \\ 4 \\ -6 \end{pmatrix}$

❸ Schnittmenge $g \cap e = \{P\}: \begin{pmatrix} 1 \\ 4 \\ -6 \end{pmatrix} \cdot \left[\begin{pmatrix} 3 \\ -2 \\ 5 \end{pmatrix} + \lambda \begin{pmatrix} 1 \\ 4 \\ -6 \end{pmatrix} \right] - 18 = 0$

$$\Leftrightarrow -35 + 53\lambda - 18 = 0 \Leftrightarrow \lambda = 1$$

$$\Rightarrow \vec{p} = \begin{pmatrix} 4 \\ 2 \\ -1 \end{pmatrix} \text{ bzw. } P(4|2|-1)$$

❹ Ergebnis:
Abstand Ebene - Kugel: $\quad a = d(e; K) = |d(P; M) - r|$

$$a = \sqrt{(3-4)^2 + (-2-2)^2 + (5-(-1))^2}$$

$$a = \left| \sqrt{1 + 16 + 36} - r \right| = \sqrt{53} - \sqrt{53} = 0$$

Also ist $a = 0$, was bedeutet, dass die Ebene e die Kugel K berührt.

2 Kugel

Abitur-Aufgabe 1 (Seite 63) - Bayern Gymnasium 2010 Grundkurs -

Mittelpunkt M der Strecke $\overline{AB}$:

$$\vec{m} = \frac{1}{2} \cdot (\vec{a} + \vec{b}) = \frac{1}{2} \cdot \left[\begin{pmatrix} 7 \\ 5 \\ 1 \end{pmatrix} + \begin{pmatrix} 2 \\ -5 \\ 6 \end{pmatrix} \right] = \frac{1}{2} \cdot \begin{pmatrix} 9 \\ 0 \\ 7 \end{pmatrix} = \begin{pmatrix} 4{,}5 \\ 0 \\ 3{,}5 \end{pmatrix}$$

Kugel K mit Mittelpunkt $M(\frac{9}{2}|0|\frac{7}{2})$ und Radius r mit $r^2 = \frac{75}{2} = 37{,}5$, da

$$r = \frac{1}{2} \cdot |\overline{AB}| = \frac{1}{2} \cdot \sqrt{(2-7)^2 + (-5-5)^2 + (6-1)^2} = \frac{1}{2} \cdot \sqrt{150} = \frac{5}{2}\sqrt{6}.$$

Gleichung der Kugel $K: (x_1 - \frac{9}{2})^2 + x_2^2 + (x_3 - \frac{7}{2})^2 = \frac{75}{2} = 37{,}5$

A und C sind Punkte auf der Geraden $g: \vec{x} = \begin{pmatrix} 7 \\ 5 \\ 1 \end{pmatrix} + \lambda \cdot \begin{pmatrix} 1 \\ 2 \\ 0 \end{pmatrix}$ (für $\lambda = 0$ bzw. $\lambda = -5$)

und zugleich Punkte auf der Kugel K, da gilt (Punktprobe):

$A(7|5|1)$: $(7-4{,}5)^2 + 5^2 + (1-3{,}5)^2 = 6{,}25 + 25 + 6{,}25 = 37{,}5$ ✔

$C(2|-5|1)$: $(2-4{,}5)^2 + (-5)^2 + (1-3{,}5)^2 = 6{,}25 + 25 + 6{,}25 = 37{,}5$ ✔

Folglich schneidet die Gerade g die Kugel K in den Punkten A und C.

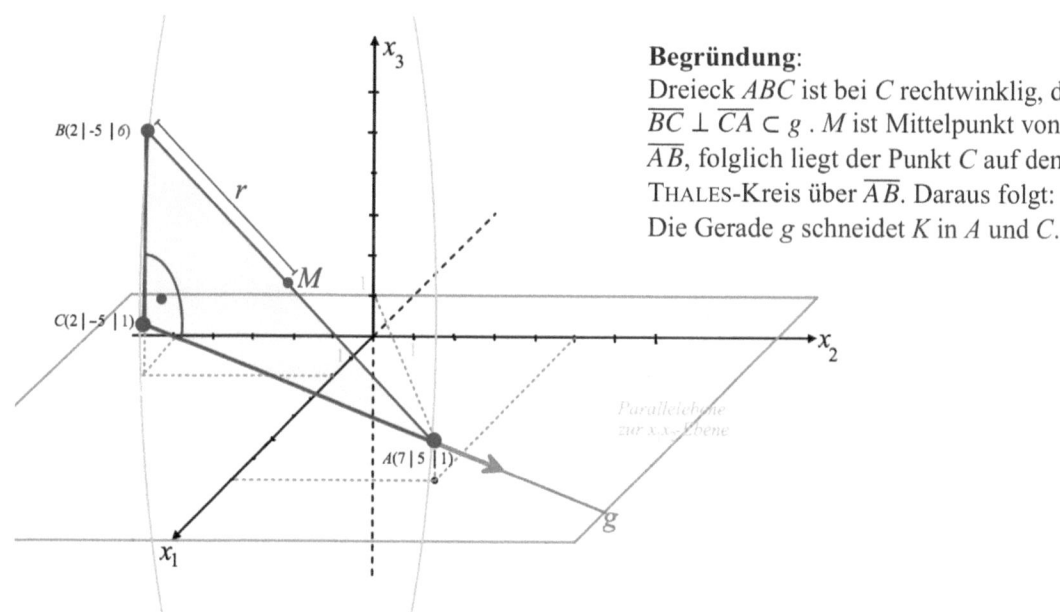

Begründung:
Dreieck ABC ist bei C rechtwinklig, da $\overline{BC} \perp \overline{CA} \subset g$. M ist Mittelpunkt von $\overline{AB}$, folglich liegt der Punkt C auf dem THALES-Kreis über $\overline{AB}$. Daraus folgt: Die Gerade g schneidet K in A und C.

Abitur-Aufgabe 2 (Seite 63) - Bayern Gymnasium 2009 Leistungskurs
LK-VI, Teile a), b) und c) -

a) $e \parallel x_3$-Achse $\Leftrightarrow \vec{u} = \begin{pmatrix} 0 \\ 0 \\ 1 \end{pmatrix}$ ist ein Richtungsvektor von e, der andere ist

$\vec{v} = \vec{b} - \vec{a} = \begin{pmatrix} 2 \\ 1{,}5 \\ -6 \end{pmatrix}$. Daraus erhält man einen Normalenvektor der Ebene

mit $\quad \vec{n}' = \begin{pmatrix} 0 \\ 0 \\ 1 \end{pmatrix} \times \begin{pmatrix} 2 \\ 1{,}5 \\ -6 \end{pmatrix} = \begin{pmatrix} -1{,}5 \\ 2 \\ 0 \end{pmatrix} \Rightarrow \vec{n} = \begin{pmatrix} 3 \\ -4 \\ 0 \end{pmatrix}$

$e: \begin{pmatrix} 3 \\ -4 \\ 0 \end{pmatrix} \cdot \left[\vec{x} - \begin{pmatrix} 0 \\ 3 \\ 0 \end{pmatrix} \right] = 0 \Leftrightarrow \begin{pmatrix} 3 \\ -4 \\ 0 \end{pmatrix} \cdot \vec{x} + 12 = 0 \Leftrightarrow 3x_1 - 4x_2 + 12 = 0$

b) *Lotgerade* g von $M(3|-1|0)$ auf Ebene e: $\quad g: \vec{x} = \begin{pmatrix} 3 \\ -1 \\ 0 \end{pmatrix} + \lambda \cdot \begin{pmatrix} 3 \\ -4 \\ 0 \end{pmatrix}$

Schnittmenge $g \cap e = \{B\}$: $\begin{pmatrix} 3 \\ -4 \\ 0 \end{pmatrix} \cdot \left[\begin{pmatrix} 3 \\ -1 \\ 0 \end{pmatrix} + \lambda \cdot \begin{pmatrix} 3 \\ -4 \\ 0 \end{pmatrix} \right] + 12 = 0$

$25 + 25\lambda = 0 \Leftrightarrow \lambda = -1$

Damit lauten die Koordinaten des Berührpunkts $B(0|3|0)$. Der Radius beträgt $r = |\overline{MB}| = \sqrt{(0-3)^2 + (3-(-1))^2 + 0^2} = \sqrt{25} \Rightarrow r = 5$.

c) $\vec{m} = \vec{a} + 1 \cdot (\vec{m} - \vec{a}) \Rightarrow \vec{m}' = \vec{a} - 1 \cdot (\vec{m} - \vec{a}) = 2\vec{a} - \vec{m}$

$\vec{m}' = 2 \cdot \begin{pmatrix} -2 \\ 1{,}5 \\ 6 \end{pmatrix} - \begin{pmatrix} 3 \\ -1 \\ 0 \end{pmatrix} = \begin{pmatrix} -7 \\ 4 \\ 12 \end{pmatrix}$, also $M'(-7|4|12)$.

(oder: A ist Mittelpunkt von $\overline{MM'}$)

Radius $r' = 5 = r$, da eine Punktspiegelung eine Kongruenzabbildung ist.

Abitur-Aufgabe 3 (Seite 64) - Bayern Gymnasium 2001, Grundkurs

a) $\vec{m} = \vec{s}_3 + 7 \cdot \vec{n}^0$ mit $\vec{n}^0 = \dfrac{1}{|\vec{n}|} \cdot \vec{n} = \dfrac{1}{7}\begin{pmatrix} 2 \\ 6 \\ 3 \end{pmatrix}$

$\vec{m}' = \vec{s}_3 - 7 \cdot \vec{n}^0$

$\vec{m} = \begin{pmatrix} 0 \\ 0 \\ 20 \end{pmatrix} + 7 \cdot \dfrac{1}{7}\begin{pmatrix} 2 \\ 6 \\ 3 \end{pmatrix} = \begin{pmatrix} 2 \\ 6 \\ 23 \end{pmatrix} \;\Rightarrow\; M(2|6|23)$

$\vec{m} = \begin{pmatrix} 0 \\ 0 \\ 20 \end{pmatrix} - 7 \cdot \dfrac{1}{7}\begin{pmatrix} 2 \\ 6 \\ 3 \end{pmatrix} = \begin{pmatrix} -2 \\ -6 \\ 17 \end{pmatrix} \;\Rightarrow\; M'(-2|-6|17)$

b) $m: \vec{x} = \vec{m} + \mu \cdot \overrightarrow{S_3 L} \;\Leftrightarrow\; m: \vec{x} = \begin{pmatrix} 2 \\ 6 \\ 23 \end{pmatrix} + \mu \cdot \begin{pmatrix} 3 \\ 9 \\ -20 \end{pmatrix}$

c) Schnittpunkt T von Gerade m mit Ebene $e': x_3 = 7$, der zur $x_1 x_2$-Ebene um 7 LE nach oben (in x_3-Richtung) verschobenen Parallelebene: Bedingung : $x_3 = 7$

$\Leftrightarrow 23 - 20\mu = 7 \;\Leftrightarrow\; \mu = \dfrac{16}{20} = 0{,}8$, durch Einsetzen in m : $T(4{,}4 | 13{,}2 | 7)$

d) Berührpunkt B mit $\vec{b} = \vec{s}_3 + \overrightarrow{MT} = \begin{pmatrix} 0 \\ 0 \\ 20 \end{pmatrix} + \begin{pmatrix} 2{,}4 \\ 7{,}2 \\ -16 \end{pmatrix} = \begin{pmatrix} 2{,}4 \\ 7{,}2 \\ 4 \end{pmatrix} \;\Rightarrow\; B(2{,}4 | 7{,}2 | 4)$.

e) Zeichnung:

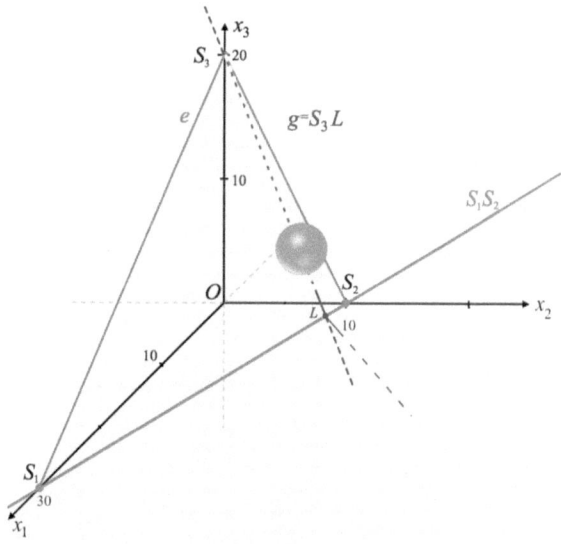

Abitur-Aufgabe 4 (Seite 65) - Sachsen-Anhalt Gymnasium 2003 Leistungskurs

a) Halbkugel $H: x_1^2 + x_2^2 + x_3^2 + 12x_1 - 14x_2 - x_3 - 45{,}75 = 0, \quad x_3 \geq 0{,}5$

Aufstellen der (Halb-)Kugelgleichung mithilfe quadratischer Ergänzung:

$H: x_1^2 + 12x_1 + 6^2 + x_2^2 - 14x_2 + 7^2 + x_3^2 - x_3 + \left(\dfrac{1}{2}\right)^2 = 45{,}75 + 36 + 49 + 0{,}25$

$H: (x_1 + 6)^2 + (x_2 - 7)^2 + (x_3 - \dfrac{1}{2})^2 = 131 \quad \Rightarrow M(-6|7|0{,}5)$ und $r = \sqrt{131}$

Entfernung für Signalauslösung: $r = \sqrt{131}$ km $\approx 11{,}445$ km $= 11445$ m.

b) Ortung in $A(29|36|9{,}5)$, nach 7s in $B(21|26|7{,}5)$

Gleichung der Geraden $g_{AB} = g: \vec{x} = \begin{pmatrix} 29 \\ 36 \\ 9{,}5 \end{pmatrix} + \lambda' \begin{pmatrix} -8 \\ -10 \\ -2 \end{pmatrix} \Leftrightarrow g: \vec{x} = \begin{pmatrix} 29 \\ 36 \\ 9{,}5 \end{pmatrix} + \lambda \begin{pmatrix} 4 \\ 5 \\ 1 \end{pmatrix}$

$g \cap H: (29 + 4\lambda + 6)^2 + (36 + 5\lambda - 7)^2 + (9{,}5 + \lambda - \dfrac{1}{2})^2 = 131$, auflösen ergibt:

$42\lambda^2 + 588\lambda + 2016 = 0 \,|\, :42 \Leftrightarrow \lambda^2 + 14\lambda + 48 = 0 \Leftrightarrow (\lambda + 6) \cdot (\lambda + 8) = 0$

$\lambda = -6 \;\vee\; \lambda = -8$ (entfällt, siehe Skizze), also ist: $S(5|6|3{,}5)$

$\overrightarrow{AB} = \vec{b} - \vec{a} = \begin{pmatrix} -8 \\ -10 \\ -2 \end{pmatrix}, \;\overrightarrow{BS} = \vec{s} - \vec{b} = \begin{pmatrix} -16 \\ -20 \\ -4 \end{pmatrix} = 2 \cdot \overrightarrow{AB} \Rightarrow$

Berechnung der kürzesten Entfernung: verschiedene Möglichkeiten

z.B.: über Hilfsebene e_H durch M mit $\vec{u}_g$ als Normalenvektor, Schnitt g mit e_H liefert $\lambda = -7$ und somit $L(1|1|2{,}5)$ als Lotfußpunkt. $d_{\min} = |\overrightarrow{LM}| = \sqrt{89}$.

ODER: $|\overrightarrow{MB} \times \overrightarrow{BA}| = d_{\min} \cdot |\overrightarrow{BA}| \Rightarrow d_{\min} = \dfrac{|\overrightarrow{MB} \times \overrightarrow{BA}|}{|\overrightarrow{BA}|} = \sqrt{89}$ km, also $d_{\min} = 9434$ m.

Skizze:

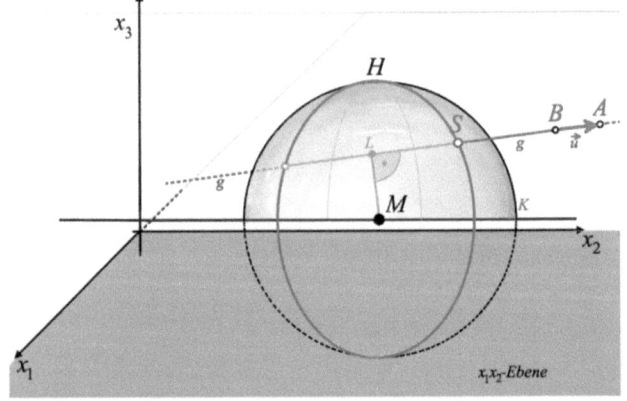

2 Kugel

Abitur-Aufgabe 5 (Seite 66) - Bayern Gymnasium 2007-LK-V, Teile 2a), b), c) -

a) ❶ Gegeben K mit $M(1|2|3)$ und $r = 6$:
$K: (x_1 - 1)^2 + (x_2 - 2)^2 + (x_3 - 3)^2 = 36$ und
$e: -x_1 + x_2 + 2x_3 - 1 = 0 \quad e: \begin{pmatrix} -1 \\ 1 \\ 2 \end{pmatrix} \cdot \vec{x} - 1 = 0$

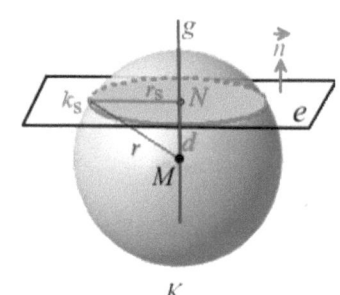

❷ Man bestimmt die Gerade g senkrecht zu e durch den Mittelpunkt M der Kugel:
$g: \vec{x} = \begin{pmatrix} 1 \\ 2 \\ 3 \end{pmatrix} + \lambda \cdot \begin{pmatrix} -1 \\ 1 \\ 2 \end{pmatrix}$

❸ $g \cap e = k_s : \begin{pmatrix} -1 \\ 1 \\ 2 \end{pmatrix} \cdot \left[\begin{pmatrix} 1 \\ 2 \\ 3 \end{pmatrix} + \lambda \cdot \begin{pmatrix} -1 \\ 1 \\ 2 \end{pmatrix} \right] - 1 = 0 \Leftrightarrow 7 + 6\lambda - 1 = 0 \Rightarrow \lambda = -1$

$\Rightarrow \lambda = -1$ eingesetzt in g ergibt: $N(2|1|1)$

❹ PYTHAGORAS liefert: $r_s^2 + d^2 = r^2$ mit $d = d(M; N) = \sqrt{6}$, also folgt
$r_s = \sqrt{r^2 - d^2} = \sqrt{36 - 6} \Rightarrow r_s = \sqrt{30}$.

b) $R(3|6|-1) \in K$ wegen $(3-1)^2 + (6-2)^2 + (-1-3)^2 = 36$ ✔
zu zeigen noch: $R(3|6|-1) \in e$, wegen $-3 + 6 + 2 \cdot (-1) - 1 = 0$ ✔
Damit liegt R auf dem Kreis k_s. Die Koordinatengleichung der Tangentialebene T lautet (Siehe Seite 45 im Buch):
$T: (r_1 - m_1) \cdot (x_1 - m_1) + (r_2 - m_2) \cdot (x_2 - m_2) + (r_3 - m_3) \cdot (x_3 - m_3) = r^2$
$T: (3-1) \cdot (x_1 - 1) + (6-2) \cdot (x_2 - 2) + (-1-3) \cdot (x_3 - 3) = 6^2 \Leftrightarrow$
$T: x_1 + 2x_2 - 2x_3 - 17 = 0$

c) c) Kreiskegel mit Grundfläche $G = \pi \cdot r_s^2 = 30\pi$ und Höhe
$h = d(N; S)$, wobei $\{S\} = T \cap g \Leftrightarrow \mu = -6$ ergibt
$S(7|-4|-9)$. Damit ist $h = d(N; S) = \sqrt{150} = 5\sqrt{6}$
Das Volumen ist dann: $V = \frac{1}{3} G \cdot h = \frac{1}{3} \cdot 30 \cdot \pi \cdot 5\sqrt{6} \Rightarrow$
$V = 50\pi\sqrt{6} \approx 385$ (VE).

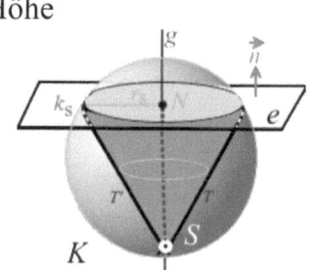

2 Kugel

Abitur-Aufgabe 6 (Seite 66) - Bayern Gymnasium 2006 LK-V, Teile 2a), b)

a) Ebene e in HESSEscher Normalengleichung (HNG):

$$e: \frac{1}{\sqrt{2}} \cdot \begin{pmatrix} 0 \\ 1 \\ -1 \end{pmatrix} \cdot \vec{x} - \frac{1}{\sqrt{2}} = 0 \text{, da } |\vec{n}| = \sqrt{2}\text{; der Abstand}$$

von M_1 bzw. M_2 zur Tangentialebene e ist $r = 5\sqrt{2}$.
Da M_1 und M_2 beide auf der Geraden h liegen, gilt:

$$d(M_1; e) = \left| \frac{1}{\sqrt{2}} \cdot \begin{pmatrix} 0 \\ 1 \\ -1 \end{pmatrix} \cdot \left[\begin{pmatrix} 2 \\ 1 \\ 2 \end{pmatrix} + \lambda \cdot \begin{pmatrix} 0 \\ -1 \\ 2 \end{pmatrix} \right] - \frac{1}{\sqrt{2}} \right|$$

$$d(M_1; e) = \left| \frac{1}{\sqrt{2}} \cdot (-1) + \frac{1}{\sqrt{2}} \cdot (-3) \cdot \lambda - \frac{1}{\sqrt{2}} \right| = \left| -\frac{2}{\sqrt{2}} - \frac{3}{\sqrt{2}} \cdot \lambda \right| = 5\sqrt{2}$$

$$\Leftrightarrow \frac{1}{\sqrt{2}} \cdot |2 + 3\lambda| = 5\sqrt{2} \; \Big| \cdot \sqrt{2} \; \Leftrightarrow \; 2 + 3\lambda = \pm 10 \; \Leftrightarrow \; \lambda_1 = -4 \; ; \; \lambda_2 = \frac{8}{3}$$

Also lauten die Mittelpunkte $M_1(2|5|-6)$ und $M_2(2|-\frac{5}{3}|\frac{22}{3})$.

b) $\left|\overline{PQ}\right| = \left|\overline{M_1 M_2}\right| - 2r = \sqrt{0^2 + \left(-\frac{5}{3} - 5\right)^2 + \left(\frac{22}{3} + 6\right)^2} - 10\sqrt{2}$

$\left|\overline{PQ}\right| = \sqrt{\left(-\frac{20}{3}\right)^2 + \left(\frac{40}{3}\right)^2} - 10\sqrt{2} = \sqrt{\frac{2000}{9}} - 10\sqrt{2} = \frac{20}{3}\sqrt{5} - 10\sqrt{2} \approx 0{,}76$

Die Entfernung $\left|\overline{PQ}\right|$ beträgt somit: $\left|\overline{PQ}\right| \approx 0{,}76$ (LE).

Lösungen zur Kugel (fakultative Inhalte)

Aufgabe 1 (Seite 71)

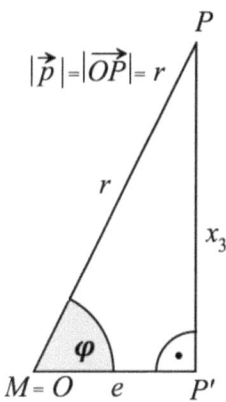

$\sin(\varphi) = \dfrac{x_3}{r} \Leftrightarrow x_3 = r \cdot \sin(\varphi)$

$\cos(\varphi) = \dfrac{e}{r} \Leftrightarrow e = r \cdot \cos(\varphi)$ (✱)

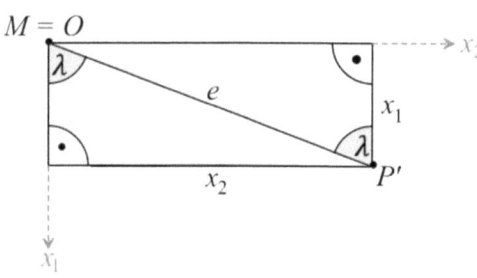

$\sin(\lambda) = \dfrac{x_2}{e} \Leftrightarrow x_2 = e \cdot \sin(\lambda)$

(✱) eingesetzt: $x_2 = r \cdot \cos(\varphi) \cdot \sin(\lambda)$

$\cos(\lambda) = \dfrac{x_1}{e} \Leftrightarrow x_1 = e \cdot \cos(\lambda)$

(✱) eingesetzt: $x_1 = r \cdot \cos(\varphi) \cdot \cos(\lambda)$.

Aufgabe 2 (Seite 71)

$P(\text{München}) = P(6371 \,|\, +48{,}14 \,|\, +11{,}58)$
$P(\text{München}) = P(x_1|x_2|x_3)$ mit
  $x_1 = r \cdot \cos(\varphi) \cdot \cos(\lambda) = 6371\,\text{km} \cdot \cos(48{,}14°) \cdot \cos(11{,}58°) \approx 4165\ \text{km}$
  $x_2 = r \cdot \cos(\varphi) \cdot \sin(\lambda) = 6371\,\text{km} \cdot \cos(48{,}14°) \cdot \sin(11{,}58°) \approx\ \ 853\ \text{km}$
  $x_3 = r \cdot \sin(\varphi) = 6371\,\text{km} \cdot \sin(48{,}14°) \approx 4745\ \text{km}$
Also gilt für $P(\text{München}) = P(4165|853|4745)$ in der Einheit km.

$P'(\text{Los Angeles}) = P'(6371 \,|\, +34{,}05 \,|\, -118{,}25)$
$P'(\text{Los Angeles}) = P'(x_1|x_2|x_3)$ mit
  $x_1 = r \cdot \cos(\varphi) \cdot \cos(\lambda) = 6371\,\text{km} \cdot \cos(34{,}05°) \cdot \cos(-118{,}25°) \approx -2499\ \text{km}$
  $x_2 = r \cdot \cos(\varphi) \cdot \sin(\lambda)\ = 6371\,\text{km} \cdot \cos(34{,}05°) \cdot \sin(-118{,}25°) \approx -4650\ \text{km}$
  $x_3 = r \cdot \sin(\varphi) = 6371\,\text{km} \cdot \sin(34{,}05°) \approx 3567\ \text{km}$
Also gilt für $P'(\text{Los Angeles}) = P'(-2499|-4650|3567)$ in der Einheit km.

Aufgabe 3   (Seite 77)

Lissabon = $P_1(r|\varphi_1|\lambda_1)$ = (6371 km|38,73°|-9,20°)
Danzig = $P_2(r|\varphi_2|\lambda_2)$ = (6371 km|54,35°|18,67°)

Daraus errechnet sich mithilfe der *Abstandsformel* (von Seite 75 im Buch) die kürzeste Wegstrecke s :

$$s = d(P_1; P_2) = \frac{6371\,km \cdot \pi}{180°} = \underbrace{\cos^{-1}\left(\cos(38{,}73°) \cdot \cos(54{,}35°) \cdot \cos(-9{,}2° - 18{,}67°) + \sin(38{,}73°) \cdot \sin(54{,}35°)\right)}_{\gamma = 24{,}45°}$$

$$s = d(P_1; P_2) = \frac{6371\,km \cdot \pi}{180°} \cdot 24{,}45° \approx 2718{,}6\,km \text{ ; also ist} \qquad s = 2719\,km$$

Aus Geschwindigkeit $v = \dfrac{\text{zurückgelegter Weg } s}{\text{dafür benötigte Zeit } t} = \dfrac{s}{t} \Rightarrow t = \dfrac{s}{v}$

Also ergibt sich für die benötigte Zeit t :

$$t = \frac{s}{v} = \frac{2719\,km}{240\,km} \cdot h = 11{,}33\,h \qquad t = 11\,h\,20\,min$$

Damit dürfte die **Ankunftszeit bei 15.20 Uhr** am Nachmittag liegen.

Aufgabe 4 (Seite 77)

1. Großkreisentfernung d

Gegeben sind: $\varphi_1 = \varphi_2 = 40°$ und $\Delta\lambda = \lambda_1 - \lambda_2 = 70°$ $\Rightarrow$

$$d = d(P_1; P_2) = \frac{6371\,\text{km} \cdot \pi}{180°} \cdot \underbrace{\cos^{-1}\left(\cos^2(40°) \cdot \cos(70°) + \sin^2(40°)\right)}_{\gamma = 52{,}13°} \approx 5796{,}5\,\text{km}$$

$d = 5797$ km (Großkreisentfernung)

2. Kleinkreisentfernung b

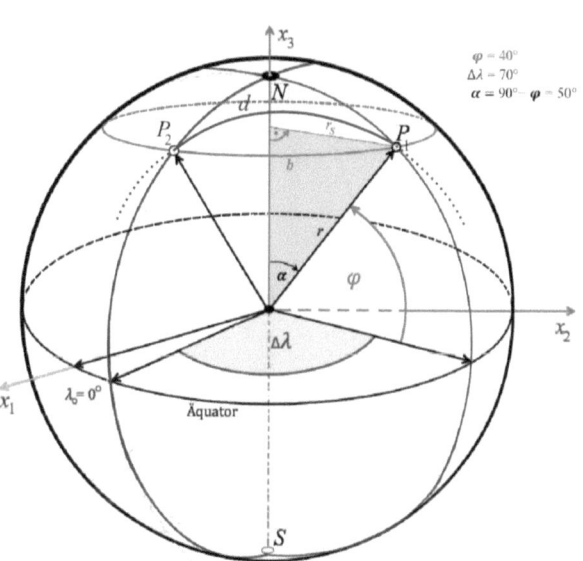

Es ist (⟹ Skizze):
$\sin(\alpha) = \dfrac{r_s}{r} \Rightarrow r_s = 6371\,\text{km} \cdot \sin(50°)$

Man erhält $r_s = 4880{,}5$ km

Aus der Verhältnisgleichung

$$\frac{b}{2\pi r_s} = \frac{\Delta\lambda}{360°}$$

folgt: $b = \dfrac{\Delta\lambda \cdot 2\pi r_s}{360°} = \dfrac{\Delta\lambda \cdot \pi \cdot r_s}{180°}$

$b = \dfrac{70° \cdot \pi \cdot 4880{,}5\,\text{km}}{180°} \approx 5963$ km

$b = 5963$ km (Kleinkreisentfernung)

Die kürzeste (Großkreis-)Entfernung d ist somit $\Delta s = b - d = (5963 - 5797)\,\text{km} = 166\,\text{km}$ kleiner als die auf dem Breitenkreis b.

Aufgabe 5 (Seite 77)

$$A := P_1(r|\varphi_1|\lambda_1) = P_1(6371 \text{ km}|40{,}7°|-73{,}33°)$$
$$B := P_2(r|\varphi_2|\lambda_2) = P_2(6371 \text{ km}|\ 0°\ |\ -31{,}65°)$$

Dies heißt, dass in die **Abstandsformel** (von Seite 75 im Buch) folgende geographische Daten einzusetzen sind:

$$\varphi_1 = 40{,}7° \ ; \ \lambda_1 = -73{,}33°$$
$$\varphi_2 = 0° \quad ; \ \lambda_2 = -31{,}65°$$

$$d = d(P_1; P_2) = \frac{6371 \text{ km} \cdot \pi}{180°} \cdot$$

$$\cdot \cos^{-1}\left(\cos(40{,}7°) \cdot \underbrace{\cos(0°)}_{=1} \cdot \cos(-73{,}33° + 31{,}65°) + \sin(40{,}7°) \cdot \underbrace{\sin(0°)}_{=0} \right)$$

$$\gamma = 55{,}5°$$

$d = 6173$ km ist der zurückgelegte Weg.

Aufgabe 6 (Seite 82)

Gleichung der Kugel $K: \left(\vec{x} - \begin{pmatrix} 1 \\ 1 \\ 1 \end{pmatrix}\right)^2 = 169$; Punkte $A(4|1|\frac{43}{3})$ und $Q(1|1|\frac{181}{12})$

auf der Geraden g .

(I)   Setze $\vec{r} := \vec{b} - \vec{m}$ mit $|\vec{r}| = r$. Da $B \in K$ $\Rightarrow$ $\left(\vec{b} - \begin{pmatrix} 1 \\ 1 \\ 1 \end{pmatrix}\right)^2 = 169$, also

(I) $\vec{r}^2 = r_1^2 + r_2^2 + r_3^2 = 169$

(II) $(\vec{a} - \vec{m}) \bullet \vec{r} = r^2 \Rightarrow \begin{pmatrix} 3 \\ 0 \\ \frac{40}{3} \end{pmatrix} \bullet \begin{pmatrix} r_1 \\ r_2 \\ r_3 \end{pmatrix} = 169 \Leftrightarrow 3r_1 + \frac{40}{3}r_3 = 169$ (II)

(III) $(\vec{q} - \vec{m}) \bullet \vec{r} = r^2 \Rightarrow \begin{pmatrix} 0 \\ 0 \\ \frac{169}{12} \end{pmatrix} \bullet \begin{pmatrix} r_1 \\ r_2 \\ r_3 \end{pmatrix} = 169 \Leftrightarrow \frac{169}{12}r_3 = 169$ (III)

Aufgabe 6 (Seite 82) - Fortsetzung

Aus (III) folgt $r_3 = 12$, eingesetzt in (II) ergibt $r_1 = 3$. Diese beiden Ergebnisse werden noch in (I) eingesetzt:

$$3^2 + r_2^2 + 12^2 = 169 \Leftrightarrow r_2^2 = 16 \Leftrightarrow |r_2| = 4 \quad \Rightarrow r_2 = 4 \vee r_2 = -4$$

Aus $\vec{r} = \vec{b} - \vec{m} \Rightarrow \vec{b} = \vec{r} + \vec{m} = \begin{pmatrix} r_1 \\ r_2 \\ r_3 \end{pmatrix} + \begin{pmatrix} 1 \\ 1 \\ 1 \end{pmatrix} = \begin{pmatrix} 3 \\ \pm 4 \\ 12 \end{pmatrix} + \begin{pmatrix} 1 \\ 1 \\ 1 \end{pmatrix} = \begin{pmatrix} 4 \\ 5 \\ 13 \end{pmatrix} \vee \begin{pmatrix} 4 \\ -3 \\ 13 \end{pmatrix}$

Die Berührpunkte lauten somit: $B_1(4|5|13)$ und $B_2(4|-3|13)$.

Mit $\vec{n}_1 = \vec{b}_1 - \vec{m} \Rightarrow \quad e_T: 3x_1 + 4x_2 + 12x_3 = 188$

Mit $\vec{n}_2 = \vec{b}_2 - \vec{m} \Rightarrow \quad e'_T: 3x_1 - 4x_2 + 12x_3 = 180$.

Aufgabe 7 (Seite 91)

a) $c = \cos(\omega) = \cos(30°) = \frac{1}{2}\sqrt{3}$

Kegelgleichung in Ursprungsform:

$$K_e: (\vec{x} \bullet \vec{e})^2 = c^2 \cdot \vec{x}^2 \quad K_e: \left[\vec{x} \bullet \begin{pmatrix} 0 \\ 1 \\ 0 \end{pmatrix} \right]^2 = \frac{3}{4} \cdot \vec{x}^2$$

b) $c = \cos(\omega) = \cos(60°) = \frac{1}{2}$

Kegelgleichung in Ursprungsform:

$$K_e: (\vec{x} \bullet \vec{e})^2 = c^2 \cdot \vec{x}^2 \quad K_e: \left[\vec{x} \bullet \begin{pmatrix} \frac{2}{7} \\ \frac{3}{7} \\ -\frac{6}{7} \end{pmatrix} \right]^2 = \frac{1}{4} \cdot \vec{x}^2$$

Aufgabe 8 (Seite 91)

a) $\quad P(6|10|-8) \in K_e \quad, \quad Q(12|13|5) \in K_e$

b) $\quad P(3|1|1) \notin K_e \quad, \quad Q(2\sqrt{2}|6|-2) \in K_e$.

Aufgabe 9 (Seite 91)

Allgemeine Kegelgleichung: $\quad K_e: (\vec{x} \bullet \vec{e} - \vec{s} \bullet \vec{e})^2 = c^2 \cdot (\vec{x} - \vec{s})^2$

Achsenrichtung ist $\vec{a} = \begin{pmatrix} 2 \\ 2 \\ 1 \end{pmatrix}$ mit $|\vec{a}| = \sqrt{2^2 + 2^2 + 1^2} = \sqrt{9} = 3 \Rightarrow$

Einheitsvektor ist $\vec{e} = \begin{pmatrix} 2/3 \\ 2/3 \\ 1/3 \end{pmatrix} \Rightarrow$

$$K_e: \left[\vec{x} \bullet \begin{pmatrix} 2/3 \\ 2/3 \\ 1/3 \end{pmatrix} - \begin{pmatrix} -1 \\ 2 \\ 2 \end{pmatrix} \bullet \begin{pmatrix} 2/3 \\ 2/3 \\ 1/3 \end{pmatrix}\right]^2 = c^2 \cdot \left[\vec{x} - \begin{pmatrix} -1 \\ 2 \\ 2 \end{pmatrix}\right]^2$$

$$K_e: \left[\vec{x} \bullet \begin{pmatrix} 2/3 \\ 2/3 \\ 1/3 \end{pmatrix} - \frac{4}{3}\right]^2 = c^2 \cdot \left[\vec{x} - \begin{pmatrix} -1 \\ 2 \\ 2 \end{pmatrix}\right]^2$$

Winkel ω:

$$\vec{u} \bullet \vec{a} = |\vec{u}| \cdot |\vec{a}| \cdot \cos(\omega) \quad \Rightarrow \quad \cos(\omega) = \frac{\begin{pmatrix} 2 \\ 1 \\ 2 \end{pmatrix} \bullet \begin{pmatrix} 2 \\ 2 \\ 1 \end{pmatrix}}{3 \cdot 3} = \frac{8}{9}$$

$\omega = \cos^{-1}\left(\frac{8}{9}\right) = 27{,}27°$, also ist der Öffnungswinkel $2\omega = 54{,}53°$.

$c = \cos(\omega) = \frac{8}{9} \Rightarrow c^2 = \frac{64}{81}$, damit lautet die Kegelgleichung:

$$K_e: \left[\vec{x} \bullet \begin{pmatrix} 2/3 \\ 2/3 \\ 1/3 \end{pmatrix} - \frac{4}{3}\right]^2 = \frac{64}{81} \cdot \left[\vec{x} - \begin{pmatrix} -1 \\ 2 \\ 2 \end{pmatrix}\right]^2.$$

Aufgabe 10 (Seite 94)

a) Wegen $\omega = 30°$ und $\alpha = 60°$ ist $\beta = 90°$.

Also ist: $\varepsilon = \dfrac{\cos(\alpha)}{\cos(\omega)} = \dfrac{\cos(60°)}{\cos(30°)} = \dfrac{\frac{1}{2}}{\frac{1}{2} \cdot \sqrt{3}} = \dfrac{1}{\sqrt{3}} = \dfrac{1}{3}\sqrt{3}$ $(\varepsilon < 1) \Rightarrow \varepsilon^2 = \dfrac{1}{3}$

$p = s \cdot (\varepsilon + \cos(\beta)) = 3\sqrt{3} \cdot (\dfrac{1}{\sqrt{3}} + \underbrace{\cos(90°)}_{=0}) \Rightarrow p = 3$

Gleichung des Kegelschnitts: $K_s: x_2^2 = 2px_1 - (1 - \varepsilon^2)x_1^2$

$\qquad K_s: x_2^2 = 6x_1 - (1 - \dfrac{1}{3})x_1^2 \qquad\qquad K_s = $ Ellipse

$K_s: x_2^2 = 6x_1 - \dfrac{2}{3}x_1^2 \quad \Leftrightarrow \quad \dfrac{2}{3}x_1^2 - 6x_1 + x_2^2 = 0 \;|\; \cdot 3 \;\Leftrightarrow\; 2x_1^2 - 18x_1 + 3x_2^2 = 0$

b) Wegen $\omega = 60°$ und $\alpha = 30°$ ist $\beta = 90°$.

Also ist: $\varepsilon = \dfrac{\cos(\alpha)}{\cos(\omega)} = \dfrac{\cos(30°)}{\cos(60°)} = \dfrac{\frac{1}{2} \cdot \sqrt{3}}{\frac{1}{2}} = \sqrt{3}$ $(\varepsilon > 1) \Rightarrow \varepsilon^2 = 3$

$p = s \cdot (\varepsilon + \cos(\beta)) = \sqrt{6} \cdot (\sqrt{3} + \underbrace{\cos(90°)}_{=0}) = \sqrt{18} = 3\sqrt{2} \Rightarrow p = 3\sqrt{2}$

Gleichung des Kegelschnitts: $K_s: x_2^2 = 2px_1 - (1 - \varepsilon^2)x_1^2$

$\qquad K_s: x_2^2 = 2 \cdot 3\sqrt{2} \cdot x_1 - (1 - 3)x_1^2 \qquad\qquad K_s = $ Hyperbel

$K_s: x_2^2 = 6\sqrt{2}\, x_1 + 2x_1^2 \qquad\qquad \Leftrightarrow \qquad\qquad 2x_1^2 + 6\sqrt{2}\, x_1 - x_2^2 = 0$.

Aufgabe 11   (Seite 116)

Der Original-Aufgabentext steht auf den Seiten 97 und 98 im Buch.

Die Lösung dieser Aufgabe steht auf den Seiten 99 bis 103 ebenfalls im Buch.

3 Gebrochenrationale Funktionen

Eine *gebrochenrationale Funktion* ist eine Funktion, die sich als *Bruch* darstellen lässt.

$$f(x) = \frac{p(x)}{q(x)}$$

$$f: x \mapsto \frac{Polynom\ p(x)}{Polynom\ q(x)}$$

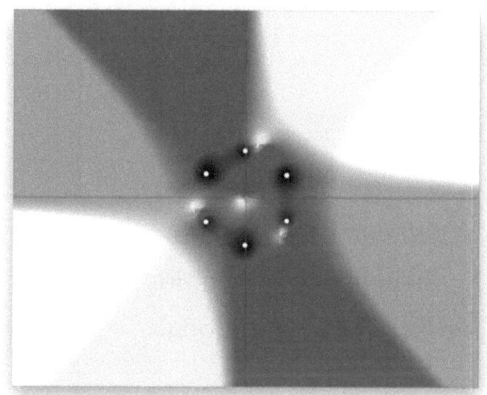

3 Gebrochenrationale Funktionen

Lösungen der Aufgaben

Aufgabe 1 (Seiten 126/127)

a) (echt) gebrochenrational

b) nicht gebrochen-, sondern ganzrational, da: $f(x) = \dfrac{1}{\sqrt{2}} \cdot (x+1) = \dfrac{1}{\sqrt{2}} \cdot x + \dfrac{1}{\sqrt{2}}$

c) nicht rational

d) (unecht) gebrochenrational

e) (echt) gebrochenrational

f) (unecht) gebrochenrational, da $f(x) = \dfrac{1}{x} + 1 = \dfrac{1+x}{x}$

g) (unecht) gebrochenrational

h) nicht gebrochen-, sondern ganzrational, da: $f(x) = \dfrac{x^2 - 2}{4} = \dfrac{1}{4}x^2 - \dfrac{1}{2}$

i) nicht rational, da *sin* keine ganzrationale Funktion ist.

Aufgabe 2 (Seite 127)

a) $D_{max} = \mathbb{R}\backslash\{5\}$; echt gebrochenrational

b) $D_{max} = \mathbb{R}\backslash\{-2\}$; unecht gebrochenrational

c) $D_{max} = \mathbb{R}\backslash\{-1; 1\}$; unecht gebrochenrational

d) $D_{max} = \mathbb{R}\backslash\{0; 2\}$; echt gebrochenrational

e) $D_{max} = \mathbb{R}\backslash\{2\}$; unecht gebrochenrational

f) $D_{max} = \mathbb{R}\backslash\{-2; 3\}$; unecht gebrochenrational

g) $D_{max} = \mathbb{R}\backslash\{-3; 0\}$; unecht gebrochenrational

h) $D_{max} = \mathbb{R}$; echt gebrochenrational

i) $D_{max} = \mathbb{R}\backslash\{-2; 3\}$; echt gebrochenrational

3 Gebrochenrationale Funktionen

Aufgabe 3 (Seite 127)

a) $D_{max} = \mathbb{R}\setminus\{1\}$ Nullstelle : 0   unecht gebrochenrational
b) $D_{max} = \mathbb{R}\setminus\{-1; 1\}$ Nullstellen : keine   echt gebrochenrational
c) $D_{max} = \mathbb{R}$ Nullstellen : -1 ; 1   unecht gebrochenrational
d) $D_{max} = \mathbb{R}\setminus\{-3; 0; 3\}$ Nullstelle : 1   echt gebrochenrational
e) $D_{max} = \mathbb{R}\setminus\{-\sqrt{2}; \sqrt{2}\}$ Nullstellen : 0 ; 2   unecht gebrochenrational
f) $D_{max} = \mathbb{R}\setminus\{-2; 1\}$ Nullstellen : keine   unecht gebrochenrational
g) $D_{max} = \mathbb{R}\setminus\{3\}$ Nullstellen : 0 ; 2   unecht gebrochenrational
h) $D_{max} = \mathbb{R}\setminus\{-2\}$ Nullstellen : keine   unecht gebrochenrational
i) $D_{max} = \mathbb{R}\setminus\left\{-\dfrac{1}{2}\right\}$ Nullstellen : -2 ; 1   unecht gebrochenrational

Aufgabe 4 (Seite 132)

a) $D_{max} = \mathbb{R}\setminus\{2\}$
b)   Nullstelle des Zählerpolynoms bei -1.
c) $\lim\limits_{x \to 2^-} f(x) = +\infty$; $\lim\limits_{x \to 2^+} f(x) = -\infty$
d)   Unterschiedliche Lösungen möglich.
      Taschenrechner-Einsatz sinnvoll.
e) $f(2-h) = \dfrac{(2-h)+1}{2-(2-h)} = \dfrac{3-h}{h} = \dfrac{3}{h} - 1 \underset{h \to 0}{\to} +\infty$

      $f(2+h) = \dfrac{(2+h)+1}{2-(2+h)} = \dfrac{3+h}{-h} = -\dfrac{3}{h} - 1 \underset{h \to 0}{\to} -\infty$

3 Gebrochenrationale Funktionen

Aufgabe 5 (Seite 133)

a) $D_{\max} = \mathbb{R}\setminus\{1\}$

b) Nullstellen des Zählerpolynoms : $x = 0 \vee x = 2$.

Faktorisierung : $f(x) = \dfrac{x(x-2)}{(x-1)^2}$

c) $\lim\limits_{x \to 1^-} f(x) = -\infty$; $\lim\limits_{x \to 1^+} f(x) = -\infty$

d) Unterschiedliche Lösungen möglich. Taschenrechner-Einsatz sinnvoll.

e) $f(1-h) = \dfrac{(1-h)^2 - 2(1-h)}{((1-h)-1)^2} = \dfrac{h^2-1}{h^2} = 1 - \dfrac{1}{h^2} \underset{h \to 0}{\to} -\infty$

$f(1+h) = \dfrac{(1+h)^2 - 2(1+h)}{((1+h)-1)^2} = \dfrac{h^2-1}{h^2} = 1 - \dfrac{1}{h^2} \underset{h \to 0}{\to} -\infty$

Aufgabe 6 (Seite 134)

a) -1 und 2 sind Polstellen mit Vorzeichenwechsel

b) 1 ist Polstelle mit Vorzeichenwechsel

c) 1 ist Polstelle ohne Vorzeichenwechsel

Aufgabe 7 (Seite 134)

a) $k : x \mapsto \dfrac{1}{(x-1)^2}$; $k(0) = 1$

b) $g : x \mapsto \dfrac{-1}{x+1}$; $g(0) = -1$

c) $f : x \mapsto \dfrac{-1}{x-1}$; $f(0) = 1$

d) $h : x \mapsto \dfrac{-1}{(x+1)^2}$; $h(0) = -1$

3 Gebrochenrationale Funktionen

Aufgabe 8 (Seite 135)

a) $\quad f: x \mapsto \dfrac{-4}{(x-2)^2}$

b) $\quad f: x \mapsto \dfrac{-3}{x+1,5}$

Aufgabe 9 (Seite 135)

a) $D_{\max} = \mathbb{R} \setminus \{-1\}$

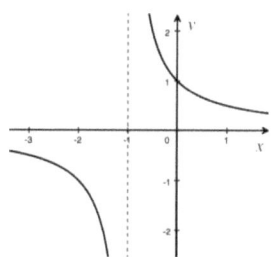

b) $D_{\max} = \mathbb{R} \setminus \{1\}$

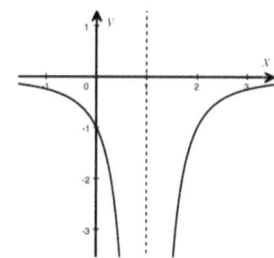

c) $D_{\max} = \mathbb{R} \setminus \{1\}$

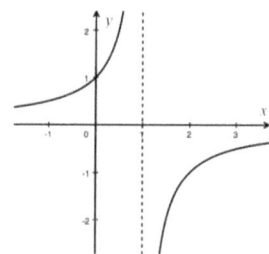

d) $D_{\max} = \mathbb{R} \setminus \{-1\}$

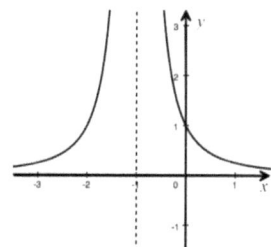

Aufgabe 10 (Seite 137)

a) $\quad f(x) = \dfrac{x^2 - x + 2}{x - 2} = x + 1 + \dfrac{4}{x - 2}$

b) $\quad f(x) = \dfrac{x^2 + 3}{x - 2} = x + 2 + \dfrac{7}{x - 2}$

c) $\quad f(x) = \dfrac{x^3 + 3x^2 - x + 1}{x + 1} = x^2 + 2x - 3 + \dfrac{4}{x + 1}$

d) $\quad f(x) = \dfrac{3x^2 + 4x + 24}{4x} = \dfrac{3}{4}x + 1 + \dfrac{6}{x}$

e) $\quad f(x) = \dfrac{1 - x + x^2}{1 + 2x} = \dfrac{1}{2}x - \dfrac{3}{4} + \dfrac{7}{4} \cdot \dfrac{1}{1 + 2x}$

f) $\quad f(x) = \dfrac{x^3 - 2x^2 + 3}{(1 - x)^2} = x - \dfrac{x - 3}{(1 - x)^2}$

g) $\quad f(x) = \dfrac{ax^3}{x^2 - 2} = ax + \dfrac{2ax}{x^2 - 2}$

h) $\quad f(x) = \dfrac{ax^3 - x^2 + 1}{1 - ax} = -x^2 + \dfrac{1}{1 - ax}$

3 Gebrochenrationale Funktionen

Aufgabe 11 (Seite 145)

a) $f(x) = x + 1 + \dfrac{2x}{x^2 - 2}$ Asymptote: $y_A = x + 1$ Schnittpunkt: $P(0|1)$

b) $f(x) = x^2 - 3 + \dfrac{x^2 - 3x}{x^3 - 2}$ Asymptote: $y_A = x^2 - 3$ Schnittpunkte:
$$P_1(0|-3),\ P_2(3|6)$$

c) $f(x) = \dfrac{1 - x}{x - 2} = -1 - \dfrac{1}{x - 2}$ Asymptote: $y_A = -1$ kein Schnittpunkt

d) $f(x) = \dfrac{x^2 - 2}{x^3 + x^2}$ Asymptote: $y_A = 0$ Schnittpunkte:
$$P_1(-\sqrt{2}|0),\ P_2(\sqrt{2}|0)$$

e) $f(x) = \dfrac{x^2 - 2x}{x^2 + 3} = 1 - \dfrac{2x + 3}{x^2 + 3}$ Asymptote: $y_A = 1$ Schnittpunkt: $P(-\tfrac{3}{2}|1)$

f) $f(x) = \dfrac{2x^4 - x^3}{x^2 - 1} = 2x^2 - x + 2 - \dfrac{x - 2}{x^2 - 1}$

    Asymptote: $y_A = 2x^2 - x + 2$
    Schnittpunkt: $P(2|8)$

Aufgabe 12 (Seite 145)

a) $f(x) = \dfrac{x - 2}{2x + 2}$ ➡ ❸

b) $f(x) = \dfrac{x^2 - 2}{x + 1}$ ➡ ❷

c) $f(x) = \dfrac{x^2 - 2}{(x - 1)^2}$ ➡ ❶

Aufgabe 13 (Seite 146)

Annäherung für $x \to +\infty$

a) $\quad f(x) = \dfrac{7x-3}{7x+4} = 1 - \dfrac{7}{7x+4}$ \qquad von unten

b) $\quad f(x) = \dfrac{x^2+2}{x-2} = x+2 + \dfrac{6}{x-2}$ \qquad von oben

c) $\quad f(x) = \dfrac{99}{4-x} = 0 + \dfrac{99}{4-x}$ \qquad von unten

d) $\quad f(x) = \dfrac{x^3}{x-1} = x^2 + x + 1 + \dfrac{1}{x-1}$ \qquad von oben

e) $\quad f(x) = \dfrac{3x^2-2}{2x} = \dfrac{3}{2}x - \dfrac{1}{x}$ \qquad von unten

f) $\quad f(x) = \dfrac{1-2x-3x^2}{2+3x+4x^2} = -\dfrac{3}{4} + \dfrac{1}{4} \cdot \dfrac{x+10}{2+3x+4x^2}$ \qquad von oben

Asymptoten sind:

a) $f_A(x) = 1$ \quad b) $f_A(x) = x+2$ \quad c) $f_A(x) = 0$ \quad d) $f_A(x) = x^2 + x + 1$

e) $f_A(x) = \dfrac{3}{2}x$ \quad f) $f_A(x) = -\dfrac{3}{4}$.

3 Gebrochenrationale Funktionen

Aufgabe 14 (Seite 146)

a) $f(x) = \dfrac{x^2 - 1}{x}$ mit $D_f = \mathbb{R}^* = \mathbb{R}\setminus\{0\}$ symmetrisch zu O

G_f ist **ungerade**, also punktsymmetrisch zu O

b) $f(x) = \dfrac{\frac{3}{2}x^2 + 1}{x^2}$ mit $D_f = \mathbb{R}^* = \mathbb{R}\setminus\{0\}$ symmetrisch zu O

G_f ist **gerade**, also achsensymmetrisch zur y-Achse

c) $f(x) = \dfrac{2x^2 - x + 1}{(x - 1)^2}$ mit $D_f = \mathbb{R}\setminus\{1\}$ nicht symmetrisch zu O

G_f ist somit **nicht symmetrisch**

d) $f(x) = \dfrac{x^4 - 6x^2 + 4}{(4x)^2}$ mit $D_f = \mathbb{R}^* = \mathbb{R}\setminus\{0\}$ symmetrisch zu O

G_f ist **gerade**, also achsensymmetrisch zur y-Achse

e) $f(x) = \dfrac{\frac{1}{4}x^3 - 4x}{4 - x^2}$ mit $D_f = \mathbb{R}\setminus\{-2; 2\}$ symmetrisch zu O

G_f ist **ungerade**, also punktsymmetrisch zu O.

Die zugehörigen *Graphen* finden Sie auf der folgenden Seite 50.

Graph zu a) $f(x) = \dfrac{x^2 - 1}{x}$ Graph zu b) $f(x) = \dfrac{\frac{3}{2}x^2 + 1}{x^2}$

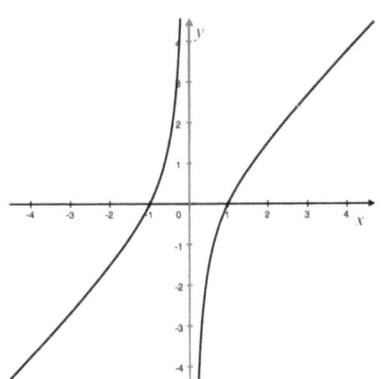
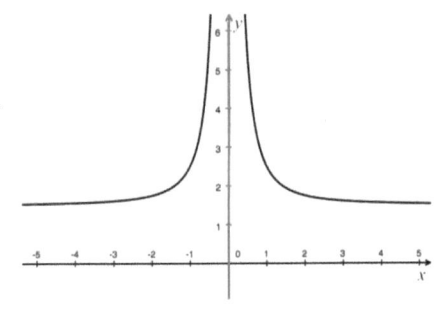

Graph zu c) $f(x) = \dfrac{2x^2 - x + 1}{(x-1)^2}$ Graph zu d) $f(x) = \dfrac{x^4 - 6x^2 + 4}{(4x)^2}$

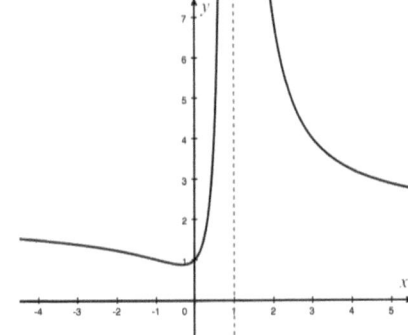
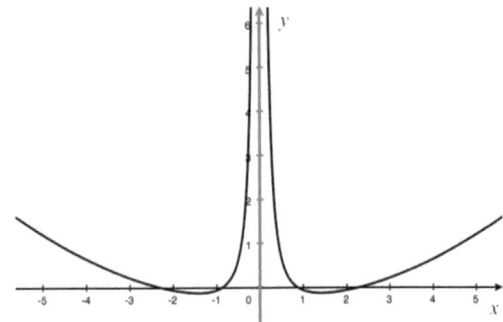

Graph zu e) $f(x) = \dfrac{\frac{1}{4}x^3 - 4x}{4 - x^2}$

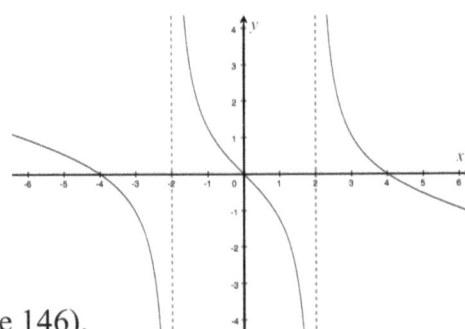

Graphen zur Aufgabe 14   (Seite 146).

Lösungen zu Abituraufgabenteilen

Abituraufgabe 1 (Seite 158)   - Saarland Gymnasium 2016, HT, G-Kurs

1.1 $f: D_{max} \to \mathbb{R}$ mit $f(x) = \dfrac{x^2 - 1}{x + 2}$; $D_{max} = \mathbb{R}\setminus\{-2\}$

−2 ist Polstelle, weil −2 eine Nullstelle des Nenners und keine Nullstelle des Zählers ist.
$\lim\limits_{x \to -2^+} f(x) = \infty$, weil der Zähler des Funktionsterms in der Nähe von −2 positiv, der Nenner rechts von −2 auch positiv ist. Weil der Term im Nenner linear ist, handelt es sich um eine Polstelle mit VZW, also gilt: $\lim\limits_{x \to -2^-} f(x) = -\infty$.

1.2 Nullstellen: $f(x) = 0 \Leftrightarrow x^2 - 1 = (x-1)(x+1) = 0 \Leftrightarrow x = 1 \vee x = -1$
Schnittpunkte mit der x-Achse: $N_1(-1|0)$, $N_2(1|0)$
Schnittpunkt mit der y-Achse: $(0|-0{,}5)$

1.3 Polynomdivision:

$$(x^2 - 1) : (x + 2) = x - 2 + \dfrac{3}{x + 2}$$
$$\underline{-(x^2 + 2x)}$$
$$-2x - 1$$
$$\underline{-(-2x - 4)}$$
$$3$$

Alternativ: „Ergebnis-Funktionsterm" auf einen gemeinsamen Nenner bringen.

1.4 $f_A(x) = x - 2$

Für alle x mit $x > -2$ $(x < -2)$ gilt: $\dfrac{3}{x+2} > 0$ $(\dfrac{3}{x+2} < 0)$; also gilt für die Annäherung:

G_f nähert sich von oben G_{f_A} an für $x \to +\infty$

G_f nähert sich von unten G_{f_A} an für $x \to -\infty$.

1.5
$$f'(x) = \dfrac{2x \cdot (x+2) - (x^2 - 1) \cdot 1}{(x+2)^2} = \dfrac{2x^2 + 4x - x^2 + 1}{(x+2)^2}$$

$$f'(x) = \dfrac{x^2 + 4x + 1}{(x+2)^2}$$

Aufgabe 1 (Seite 158) - Saarland-Abitur 2016 G-Kurs

1.6 In $D_{max} = \mathbb{R}\setminus\{-2\}$ gilt:

Notw. Bedingung: $f'(x) = 0$

$$\begin{aligned}
&\Leftrightarrow x^2 + 4x + 1 = 0 \quad | -1 + 4 \\
&\Leftrightarrow x^2 + 4x + 4 = 3 \\
&\Leftrightarrow \quad (x+2)^2 = 3 \quad | \sqrt{} \\
&\Leftrightarrow \quad |x+2| = \sqrt{3} \\
&\Leftrightarrow \quad x+2 = \sqrt{3} \quad \vee \quad x+2 = -\sqrt{3} \\
&\Leftrightarrow \quad x = \sqrt{3} - 2 \; (= x_1) \quad \vee \quad x = -\sqrt{3} - 2 \; (= x_2)
\end{aligned}$$

$f'(x_1) = 0 \;\wedge\; f''(x_1) > 0 \;\wedge\; f(x_1) = 2\sqrt{3} - 4 \Rightarrow T(\sqrt{3} - 2 \,|\, 2\sqrt{3} - 4)$
$f'(x_2) = 0 \;\wedge\; f''(x_2) < 0 \;\wedge\; f(x_2) = -2\sqrt{3} - 4 \Rightarrow H(-\sqrt{3} - 2 \,|\, -2\sqrt{3} - 4)$

$\sqrt{3} - 2 \approx -0{,}27 \quad;\quad 2\sqrt{3} - 4 \approx -0{,}54 \;;$
$-\sqrt{3} - 2 \approx -3{,}73 \quad;\quad -2\sqrt{3} - 4 \approx -7{,}46$

1.7 Für alle x mit $x < -2$ gilt: $f''(x) < 0$,
für alle x mit $x > -2$ gilt: $f''(x) > 0$, daher liegt das angegebene Krümmungsverhalten vor.

1.8 Skizze auf der folgenden Seite 53.

1.9 $A = \left| \int_{-1}^{1} f(x)dx \right| = \left| \int_{-1}^{1} (x - 2 + \dfrac{3}{x+2})dx \right| = \left| \left[\dfrac{1}{2}x^2 - 2x + 3 \cdot \ln|x+2| \right]_{-1}^{1} \right|$

$A = |-4 + 3\ln(3)| \approx 0{,}7$ (FE).

3 Gebrochenrationale Funktionen

Aufgabe 1 (Seite 158) - Saarland-Abitur 2016 G-Kurs
1.8 Skizze:

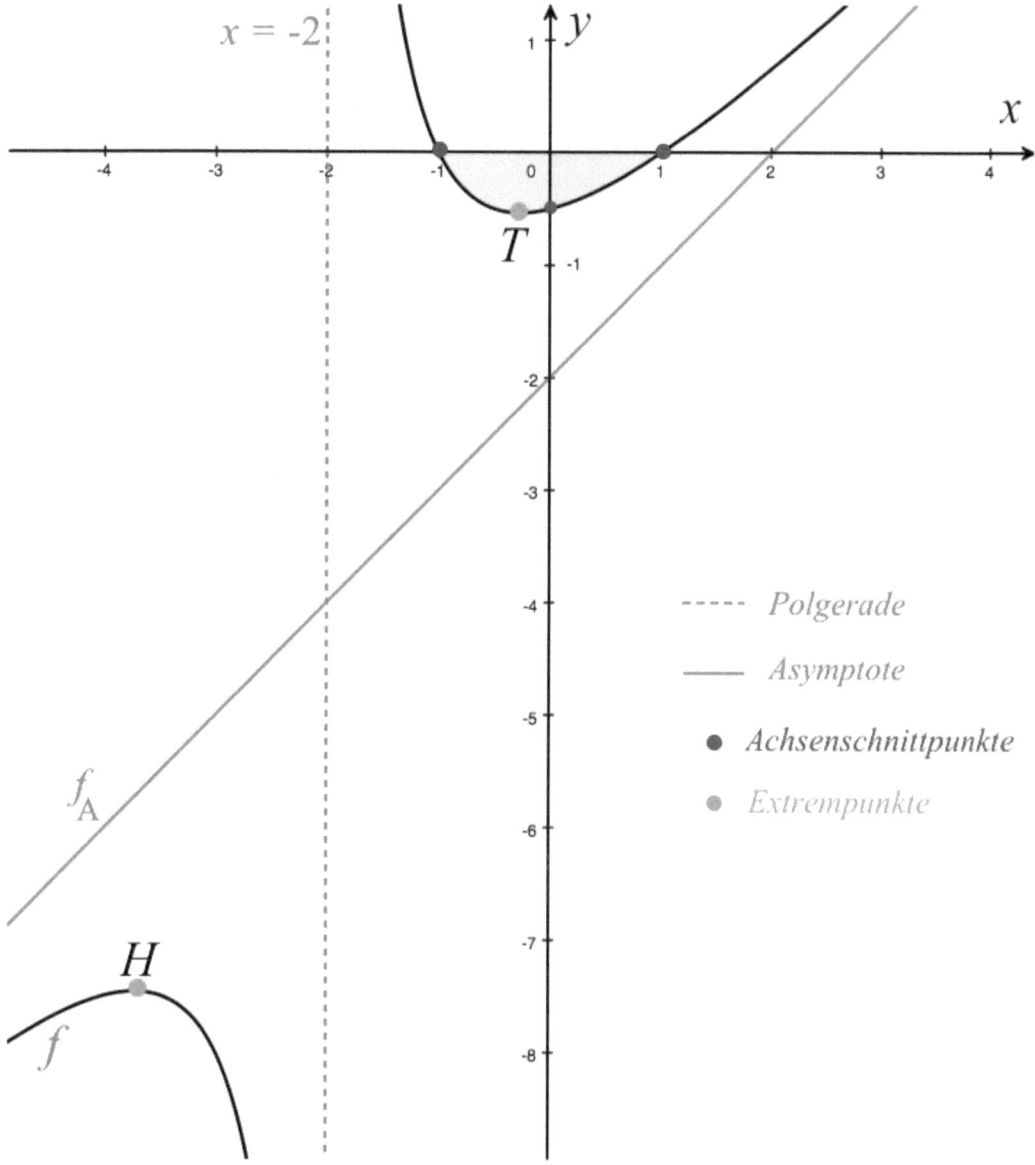

Abituraufgabe 2ᴱ (Seite 159) - Bayern Gymn 2015, Analysis, Prüfungsteil B, Aufgabengruppe 1

L1a $f(x) = \dfrac{1}{x+1} - \dfrac{1}{x+3}$ mit $D_f = \mathbb{R} \setminus \{-3; -1\}$

$f(x) = \dfrac{1}{x+1} - \dfrac{1}{x+3} = \dfrac{(x+3)-(x+1)}{(x+1)\cdot(x+3)} = \dfrac{2}{(x+1)\cdot(x+3)}$ (T1)

$f(x) = \dfrac{1}{x+1} - \dfrac{1}{x+3} = \dfrac{2}{(x+1)\cdot(x+3)} = \dfrac{2}{x^2+4x+3}$ (T2)

$f(x) \underset{(T2)}{=} \dfrac{2}{x^2+4x+3} = \dfrac{2}{x^2+4x+4-1} = \dfrac{2}{(x+2)^2-1}$

$\underset{\text{Kürzen mit 2}}{=} \dfrac{1}{0{,}5\cdot(x+2)^2 - 0{,}5}$ (T3)

L1b Als echt gebrochenrationale Funktion (T2) ist die x-Achse horizontale Asymptote von G_f.
Die Gleichungen der vertikalen Asymptoten lauten:
$x = -1$ und $x = -3$ (an den Polstellen).
Schnittpunkt von G_f mit der y-Achse: $S_y(0|\tfrac{2}{3})$.

L1c $x = -2$ ist einzige Nullstelle von f', weil für die Nullstellen von f' gelten muss: $f'(x) = 0 \Leftrightarrow p'(x) = 0$.
Die einzige Stelle im Schaubild von G_p, an der die Ableitung p' Null wird, ist aber die x-Koordinate des Tiefpunkts bzw. Scheitelpunkts **T=S(-2|-0,5)**.

Die Monotonie von G_f wird durch das Vorzeichen der Ableitung f' von f entschieden: in $]-3;-2[$ ist $p' < 0$ und in $]-2;-1[$ ist $p' > 0$, also ist $f'(x)$ dort positiv bzw. negativ, also G_f streng mowa bzw. streng mofa.
Extrempunkt von G_f : **Hochpunkt H(-2|-2)**.

L1d Funktionswerte: $f(-5) = \dfrac{1}{4} = 0{,}25; f(-1{,}5) = -\dfrac{8}{3}$

3 Gebrochenrationale Funktionen

Abituraufgabe 2^E (Seite 159) - Bayern Gymn 2015, Analysis, Prüfungsteil B, Aufgabengruppe 1

Skizze von G_f:

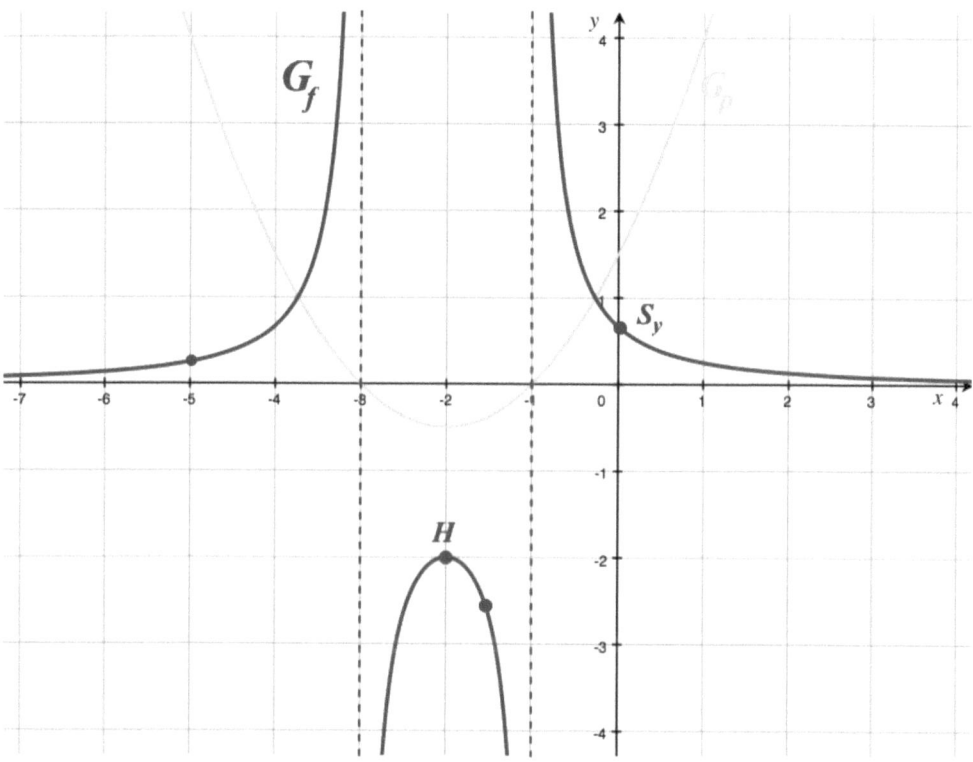

Abituraufgabe 3 (Seite 160)   - Saarland Gymnasium 2002, Analysis, Grundkurs - Aufgabe 1

a) Senkrecht schneiden

$$f_a(x) = \frac{2x}{x^2 + a} \quad (a \neq 0)$$

$$f_a'(x) = \frac{2 \cdot (x^2 + a) - 2x \cdot 2x}{(x^2 + a)^2} = \frac{-2x^2 + 2a}{(x^2 + a)^2} = \frac{2 \cdot (a - x^2)}{(x^2 + a)^2}$$

Da $a \neq 0 \Rightarrow a \neq -a$, d.h. beide Graphen sind nicht identisch.

Mit $f_a(x) = \dfrac{2x}{x^2 + a}$ und $f_{-a}(x) = \dfrac{2x}{x^2 - a}$ liefert die **Schnittbedingung**

$$f_a(x) = f_{-a}(x) \Leftrightarrow \frac{2x}{x^2 + a} = \frac{2x}{x^2 - a} \Leftrightarrow x = 0 \vee a = 0, \text{ also } x = 0, \text{ da } a \neq 0$$

$$f_a'(0) \cdot f_{-a}'(0) = -1 \Leftrightarrow \frac{2a}{a^2} \cdot \frac{2(-a)}{(-a)^2} = -1 \Leftrightarrow -4a^2 \underset{a\neq 0}{=} -a^4 \Leftrightarrow a^2 = 4 \quad \Leftrightarrow a = 2 \vee a = -2$$

b) Funktionsdiskussion

$$f(x) := f_2(x) = \frac{2x}{x^2 + 2}$$

1. **Maximale Definitionsmenge** ist $D_{max} = \mathbb{R}$
2. **Nullstellen** von f: $x = 0$ ist einzige Nullstelle.
3. **Grenzverhalten/Asymptoten**

   Da Zählergrad < Nennergrad (echt gebrochenrational), gilt:

   Asymptote für $x \to \pm\infty$ ist die x-Achse.

   $$\lim_{x \to -\infty} f(x) = 0^- \quad \text{und} \quad \lim_{x \to +\infty} f(x) = 0^+$$

4. **Einfache Symmetrie**

   $$f(-x) = \frac{2 \cdot (-x)}{(-x)^2 + 2} = -\frac{2x}{x^2 + 2} = -f(x) \quad \text{für alle } x \in D = \mathbb{R}$$

   Punktsymmetrie zum Ursprung O.

   Alternativ: Zählerpolynom ungerade und Nennerpolynom gerade ergibt für die gebrochenrationale Funktion f „ungerade".

5. **Ableitungen**

   $$f'(x) = \frac{2 \cdot (2 - x^2)}{(x^2 + 2)^2} = \frac{4 - 2x^2}{(x^2 + 2)^2} \quad \text{(aus Teil a))}$$

   $$f''(x) = \frac{-4x \cdot (x^2 + 2)^2 - 2 \cdot (x^2 + 2) \cdot 2x \cdot (4 - 2x^2)}{(x^2 + 2)^3}$$

   $$f''(x) = \frac{-4x \cdot (x^2 + 2) - 4x \cdot (4 - 2x^2)}{(x^2 + 2)^3} = \frac{4x^3 - 24x}{(x^2 + 2)^3}$$

Abituraufgabe 3 (Seite 160) - Saarland Gymnasium 2002, Analysis, Grundkurs - Aufgabe 1

b) **Funktionsdiskussion**

$$f(x) := f_2(x) = \frac{2x}{x^2+2}$$

6. Lokale Extrempunkte

$f'(x) = 0 \Leftrightarrow 4 - 2x^2 = 0 \Leftrightarrow x^2 = 2 \Leftrightarrow x = \pm\sqrt{2}$

$f''(\sqrt{2}) < 0$, somit ist $x = \sqrt{2}$ eine Maximumstelle; die Minimumstelle $x = -\sqrt{2}$ ergibt sich dann aus der Punktsymmetrie zu O.

Hochpunkt ist $H(\sqrt{2}|\frac{1}{2}\sqrt{2})$; Tiefpunkt ist $T(-\sqrt{2}|-\frac{1}{2}\sqrt{2})$

7. Monotonieintervalle

f ist streng monoton fallend in : $\quad]-\infty; -\sqrt{2}]$ und $[+\sqrt{2}; +\infty[$

f ist streng monoton wachsend in : $\quad [-\sqrt{2}; +\sqrt{2}]$

Die Art der Monotonie ergibt sich aus Lage und Art der Extrempunkte. Außerdem beachte man die Punktsymmetrie zu O.

8. Wendepunkte

$f''(x) = 0 \Leftrightarrow 4x^3 - 24x = 4x \cdot (x^2 - 6) = 0 \Leftrightarrow x = 0 \vee x = \pm\sqrt{6}$,

jeweils mit Vorzeichenwechsel (VZW) von f''.

$f(\pm\sqrt{6}) = \frac{\pm 2\sqrt{6}}{8} = \pm\frac{1}{4}\sqrt{6}$; Wendepunkte sind somit $W_1(-\sqrt{6}|-\frac{1}{4}\sqrt{6})$,

$W_2(0|0)$ und $W_3(\sqrt{6}|\frac{1}{4}\sqrt{6})$.

9. Krümmungsintervalle

G_f ist rechtsgekrümmt in : $\quad]-\infty; -\sqrt{6}]$; $[0; \sqrt{6}]$

G_f ist linksgekrümmt in : $\quad [\sqrt{6}; +\infty[$; $[-\sqrt{6}; 0]$

10. Graph

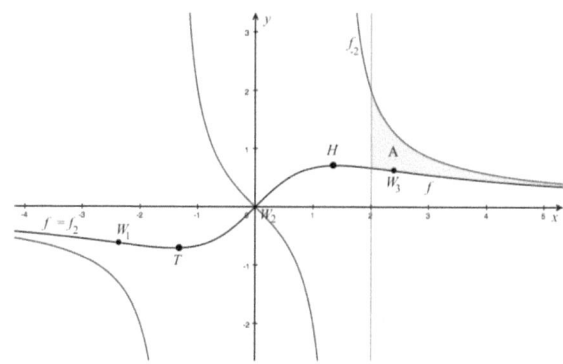

Abituraufgabe 3 (Seite 160) - Saarland Gymnasium 2002, Analysis, Grundkurs - Aufgabe 1

c) **Flächeninhalt**

Gemäß Aufgabenteil (a) besitzen die beiden Graphen im Integrationsintervall keinen Schnittpunkt.

$$\mu(A) = \int_{2}^{+\infty} (f_{-2}(x) - f_{2}(x))dx = \int_{2}^{+\infty} \left(\frac{2x}{x^2 - 2} - \frac{2x}{x^2 + 2}\right)dx$$

$$\mu(A) = \lim_{z \to +\infty} \left[\ln(x^2 - 2) - \ln(x^2 + 2)\right]_{2}^{z} = \lim_{z \to +\infty} \left[\ln\left(\frac{x^2 - 2}{x^2 + 2}\right)\right]_{2}^{z}$$

$$\mu(A) = \lim_{z \to +\infty} \left(\ln\left(\frac{z^2 - 2}{z^2 + 2}\right) - \ln\left(\frac{1}{3}\right)\right) = \ln(1) + \ln(3) = \ln(3)$$

$$\mu(A) = \ln(3) \approx 1{,}099 \text{ (FE)}.$$

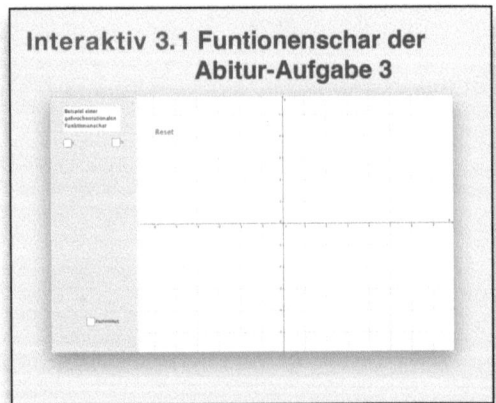

4 Vollständige Induktion E

> „Was beweisbar ist, soll in der Wissenschaft nicht ohne Beweis geglaubt werden."
>
> – R. Dedekind, 1888

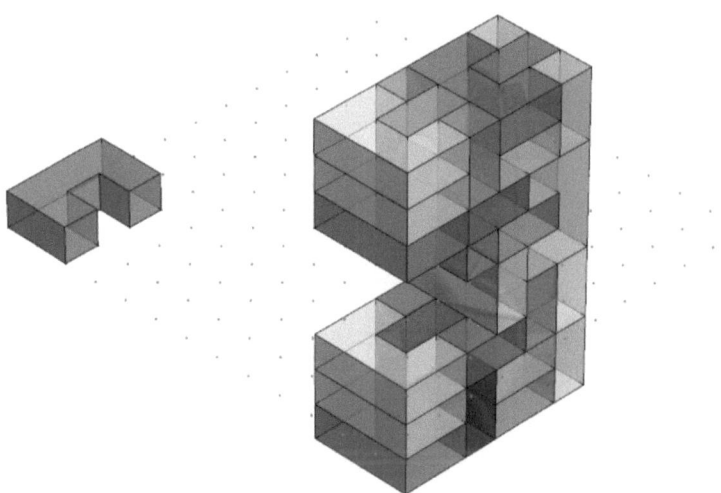

4 Vollständige Induktion

Aufgabe 1 (Seite 165)

a) $A(n)$: $n^2 + n + 11$ ist Primzahl.

n	0	1	2	3	4	5	6
$n^2 + n + 11$	11	13	17	23	31	41	53

Vermutung: Für alle $n \in \mathbb{N}$ ist $n^2 + n + 11$ eine Primzahl.

b) $A(n)$: 3 teilt $n^3 + 5n$.

n	0	1	2	3	4	5	6
$n^3 + 5n$	0	6	18	42	84	150	246

Vermutung: Für alle $n \in \mathbb{N}$ gilt: 3 teilt $n^3 + 5n$.

Aufgabe 2 (Seite 165)

Wähle $n = 11$: $n^2 + n + 11 = 11^2 + 11 + 11 = 143$ ist **keine** Primzahl, da sie außer durch 1 und 143 auch noch durch 11 und 13 teilbar ist.

4 Vollständige Induktion

Aufgabe 3 (Seite 169)

Beweis der Aussageform: Für alle $n \in \mathbb{N}^*$ gilt:
$A(n)$: $n^3 - n$ ist durch 3 teilbar.

Schritt 1 : Induktionsverankerung

Es ist zu zeigen, dass $A(1)$ eine wahre Aussage ist.

Für $n = 1$ gilt: $\quad\quad\quad\quad 1^3 - 1 = 0$ ist durch 3 teilbar (w)

[Für $n = 2$ gilt: $\quad\quad\quad 2^3 - 2 = 6$ ist durch 3 teilbar (w)]

Schritt 2 : Schluss von n auf $n + 1$

Es ist zu zeigen: Wenn für eine beliebige natürliche Zahl $n \in \mathbb{N}^*$ die Aussage $A(n)$ wahr ist, dann ist auch die Aussage $A(n + 1)$ wahr.

Kurz: $A(n) \Rightarrow A(n + 1)$

Induktionsannahme: Für ein beliebiges $n \in \mathbb{N}^*$ sei $A(n)$ eine wahre Aussage, d.h. es gelte: $n^3 - n$ ist durch 3 teilbar.

Induktionsbehauptung: Dann ist auch $A(n + 1)$ eine wahre Aussage, d.h. $(n + 1)^3 - (n + 1)$ ist durch 3 teilbar.

Induktionsbeweis: $(n + 1)^3 - (n + 1) = \underline{n^3} + 3n^2 + 3n + \cancel{1} - \underline{n} - \cancel{1}$

$\quad\quad\quad\quad\quad\quad\quad\quad = \underbrace{n^3 - n}_{\substack{\text{teilbar durch 3} \\ \text{nach Vorauss.}}} + \underbrace{3n^2 + 3n}_{\text{teilbar durch 3}}$

Also ist $(n + 1)^3 - (n + 1)$ durch 3 teilbar; damit ist gezeigt: $A(n) \Rightarrow A(n + 1)$.

Aus Schritt 1 und Schritt 2 folgt die Behauptung.

Aufgabe 4 (Seite 174)

Induktionsbeweise:

a) $\sum_{k=1}^{n+1} k \cdot (k+1) = \sum_{k=1}^{n} k \cdot (k+1) + (n+1) \cdot (n+2)$

$= \frac{1}{3} \cdot n \cdot (n+1) \cdot (n+2) + (n+1) \cdot (n+2)$

$= \frac{1}{3} \cdot n \cdot \underline{(n+1) \cdot (n+2)} + 3 \cdot \frac{1}{3} \cdot \underline{(n+1) \cdot (n+2)}$

$= \frac{1}{3} \cdot (n+1) \cdot (n+2) \cdot (n+3)$

b) $\sum_{k=1}^{n+1} k^2 = \sum_{k=1}^{n} k^2 + (n+1)^2$

$= \frac{1}{6} n \cdot (n+1) \cdot (2n+1) + (n+1)^2$

$= \frac{1}{6} \cdot (n+1) \cdot [n \cdot (2n+1) + 6(n+1)]$

$= \frac{1}{6} \cdot (n+1) \cdot \underline{[2n^2 + 7n + 6]} = \frac{1}{6} \cdot (n+1) \cdot \underline{(n+2) \cdot (2n+3)}$

$= \frac{1}{6} \cdot (n+1) \cdot (n+2) \cdot (2(n+1) + 1)$

c) $\sum_{k=1}^{n+1} k^3 = \sum_{k=1}^{n} k^3 + (n+1)^3$

$= \frac{1}{4} n^2 \cdot (n+1)^2 + (n+1)^3$

$= \frac{1}{4} \cdot (n+1)^2 \cdot [n^2 + 4(n+1)]$

$= \frac{1}{4} \cdot (n+1)^2 \cdot (n+2)^2 \,.$

Aufgabe 5 (Seite 174)

a) $1 + 3 + 5 + \ldots + (2n - 1) = n^2$

Induktionsbeweis:
$$\sum_{k=1}^{n+1} (2k - 1) = \sum_{k=1}^{n} (2k - 1) + (2n + 1)$$
$$= n^2 + 2n + 1 = (n+1)^2$$

b) $\dfrac{1}{1 \cdot 2} + \dfrac{1}{2 \cdot 3} + \dfrac{1}{3 \cdot 4} + \ldots + \dfrac{1}{n \cdot (n+1)} = \dfrac{n}{n+1}$

Induktionsbeweis:
$$\sum_{k=1}^{n+1} \frac{1}{k \cdot (k+1)} = \sum_{k=1}^{n} \frac{1}{k \cdot (k+1)} + \frac{1}{(n+1) \cdot (n+2)}$$
$$= \frac{n}{n+1} + \frac{1}{(n+1) \cdot (n+2)}$$
$$= \frac{(n^2 + 2n + 1)}{(n+1) \cdot (n+2)} = \frac{(n+1)^{2\,1}}{\cancel{(n+1)} \cdot (n+2)} = \frac{n+1}{n+2}$$

c) $\dfrac{1}{1} + \dfrac{1}{1+2} + \dfrac{1}{1+2+3} + \ldots + \dfrac{1}{1+2+3+\ldots+n} = \dfrac{2n}{n+1}$

Induktionsbeweis:

$$\sum_{k=1}^{n+1} \frac{1}{1+2+3+\ldots+k} = \sum_{k=1}^{n} \frac{1}{1+2+3+\ldots+k} + \frac{1}{1+2+3+\ldots+(n+1)}$$

$$= \frac{2n}{n+1} + \frac{1}{\sum_{j=1}^{n+1} j} = \frac{2n}{n+1} + \frac{1}{\frac{1}{2} \cdot (n+1) \cdot (n+2)}$$

$$= \frac{2n(n+2) + 2}{(n+1)(n+2)} = \frac{2n^2 + 4n + 2}{(n+1)(n+2)} + \frac{\cancel{(n+1)} \cdot (2n+2)}{\cancel{(n+1)}(n+2)}$$

$$= \frac{2(n+1)}{(n+1) + 1} \; .$$

Aufgabe 6 (Seite 175)

a)   Für alle $n \geq 3$ gilt: $2^n > 1 + 2n$.
Induktionsbeweis:
$$2^{n+1} = 2^1 \cdot \underbrace{2^n}_{\text{Induktions-} \atop \text{voraussetzung}} \geq 2 \cdot (1 + 2n) = 2 + 4n = 2n + 2(n+1) > 1 + 2(n+1).$$

b)   Für alle $n \geq 5$ gilt: $2^n > 1 + n^2$.
Induktionsbeweis:
$$2^{n+1} = 2^n + 2^n > \underbrace{(1 + n^2)}_{\text{wg. Induktions-} \atop \text{voraussetzung}} + \underbrace{(1 + 2n)}_{\text{wg. a)}} = 1 + (n+1)^2.$$

Aufgabe 7 (Seite 181)

$n = 1$: $f_1(x) = x^{-1} = \dfrac{1}{x} \;\Rightarrow\; f_1'(x) = -\dfrac{1}{x^2} = -x^{-2}$ **(w)**

$n \Rightarrow n + 1$ $f_{n+1}(x) = x^{-(n+1)} = x^{-n-1} = \underbrace{x^{-n}}_{u(x)} \cdot \underbrace{x^{-1}}_{v(x)}$

$$f_{n+1}'(x) \underbrace{=}_{\textbf{Produktregel}} \underbrace{-n \cdot x^{-n-1}}_{\text{Induktions-} \atop \text{voraussetzung}} \cdot x^{-1} + x^{-n} \cdot (-x^{-2})$$

$$f_{n+1}'(x) = -n \cdot x^{-n-2} - x^{-n-2} = -x^{-n-2} \cdot (n+1)$$

$$f_{n+1}'(x) = -(n+1) \cdot x^{-(n+1)-1}.$$

Aufgabe 8   (Seite 181)

$$n = 0, a \neq 0: \quad f^{(0)}(x) = \underbrace{a^0}_{1} \cdot e^{ax+b} = e^{ax+b} = f(x) \quad (w)$$

$$n \Rightarrow n+1 \quad f^{(n+1)}(x) = \left(f^{(n)}\right)'(x) \underset{\substack{\text{Induktions-}\\\text{voraussetzung}}}{=} \left(a^n \cdot e^{ax+b}\right)'$$

$$f^{(n+1)}(x) = \underbrace{a}_{\substack{\text{innere}\\\text{Ableitung}}} \cdot a^n \cdot e^{ax+b} = a^{n+1} \cdot e^{ax+b} \quad (w).$$

Aufgabe 9   (Seite 181)

Link zu weiteren Aufgaben und Lösungen:

http://www.emath.de/Referate/induktion-aufgaben-loesungen.pdf

Lösungen zu Abituraufgabenteilen

Abituraufgabe 1 (Seite 182) - Baden-Württemberg Gymnasium 2004, Wahlteil

$n = 1$: $h_1(x) = \dfrac{1}{x} = x^{-1} \Rightarrow h_1'(x) = -\dfrac{1}{x^2}$ (w)

$n \Rightarrow n+1$ $h_{n+1}(x) = \dfrac{1}{x^{n+1}} = \underbrace{\dfrac{1}{x^n}}_{u(x)} \cdot \underbrace{\dfrac{1}{x}}_{v(x)}$

$h_{n+1}'(x) \underset{\text{Produktregel}}{=} \underbrace{-\dfrac{n}{x^{n+1}}}_{\text{Induktions-voraussetzung}} \cdot \dfrac{1}{x} + \dfrac{1}{x^n} \cdot \left(-\dfrac{1}{x^2}\right)$

$h_{n+1}'(x) = -\dfrac{n}{x^{n+2}} - \dfrac{1}{x^{n+2}}$

$h_{n+1}'(x) = -\dfrac{n+1}{x^{(n+1)+1}}$ (w).

(Vergleichen Sie auch mit Aufgabe 7 Seite 181.)

Abituraufgabe 2 (Seite 182)   - Saarland Gymnasium 1977

Für $g(x) = \underbrace{\dfrac{1}{2}x}_{u(x)} \cdot \underbrace{e^x}_{v(x)}$ ist $A(n)$: $g^{(n)}(x) = \dfrac{1}{2}e^x \cdot (x+n)$

$n = 1$: $A(1)$: $g^{(1)}(x) = g'(x) = \dfrac{1}{2} \cdot e^x + \dfrac{1}{2}x \cdot e^x = \dfrac{1}{2}e^x \cdot (x+1)$ (w)

$n \Rightarrow n+1$: $A(n) \Rightarrow A(n+1)$

$g^{(n+1)}(x) = (g^{(n)})'(x) \underset{\text{Induktions-voraussetzung}}{=} \left[\underbrace{\dfrac{1}{2}e^x}_{u(x)} \cdot \underbrace{(x+n)}_{v(x)}\right]' = \dfrac{1}{2}e^x \cdot (x+n) + \dfrac{1}{2}e^x \cdot 1$

$g^{(n+1)}(x) = \dfrac{1}{2}e^x \cdot \big((x+n)+1\big) = \dfrac{1}{2}e^x \cdot \big(x+(n+1)\big)$ (w).

4 Vollständige Induktion

Abituraufgabe 3 (Seite 182)   - Saarland Gymnasium 1979

Für $f(x) = ax^2 \cdot e^x$ ist $A(n)$: $f^{(n)}(x) = \left[n(n-1)a + 2nax + ax^2\right] \cdot e^x$

$n = 1$: $A(1)$: $f^{(1)}(x) = f'(x) = \left[\underbrace{ax^2}_{u(x)} \cdot \underbrace{e^x}_{v(x)}\right]' = 2ax \cdot e^x + ax^2 \cdot e^x$

$f^{(1)}(x) = 2ax \cdot e^x + ax^2 \cdot e^x = \left[1 \cdot (1-1) \cdot a + 2 \cdot 1 \cdot a \cdot x + ax^2\right] \cdot e^x$ (w)

$n \Rightarrow n+1$: $A(n) \Rightarrow A(n+1)$

$f^{(n+1)}(x) = (f^{(n)})'(x) \underset{\substack{\text{Induktions-}\\\text{voraussetzung}}}{=} \left[\underbrace{\left[n(n-1)a + 2nax + ax^2\right]}_{u(x)} \cdot \underbrace{e^x}_{v(x)}\right]'$

$f^{(n+1)}(x) = \left[(2na + 2ax) \cdot e^x + [n(n-1)a + 2nax + ax^2] \cdot e^x\right]$

$f^{(n+1)}(x) = [2na + 2ax + n^2a - na + 2nax + ax^2] \cdot e^x$

$f^{(n+1)}(x) = [na + n^2a + 2ax + 2nax + ax^2] \cdot e^x$

$f^{(n+1)}(x) = [(n+1)na + 2(n+1)ax + ax^2] \cdot e^x$.   (w).

Abituraufgabe 4 (Seite 183)   - Saarland Gymnasium 1981

Für alle $n \in \mathbb{N}^*$ und $f(x) = \dfrac{1}{1-x}$ gilt: $A(n)$: $f^{(n)}(x) = \dfrac{n!}{(1-x)^{n+1}}$

Schritt 1:

$n = 1$: $f^{(1)}(x) = f'(x) = \left[(1-x)^{-1}\right]' = -1 \cdot (1-x)^{-2} \cdot (-1) = \dfrac{1!}{(1-x)^{1+1}}$ (w)

Schritt 2:

$n \Rightarrow n+1$ $A(n)$: $f^{(n)}(x) = \dfrac{n!}{(1-x)^{n+1}}$ $\Rightarrow$ $A(n+1)$: $f^{(n+1)}(x) = \dfrac{(n+1)!}{(1-x)^{n+2}}$

Induktionsbeweis:

$$f^{(n+1)}(x) = \left(f^{(n)}\right)'(x) \underset{\substack{\text{Induktions-}\\ \text{voraussetzung}}}{=} \left[\dfrac{n!}{(1-x)^{n+1}}\right]'$$

$$\underset{\text{Quotientenregel}}{=} \dfrac{-n! \cdot (n+1) \cdot (1-x)^n \cdot (-1)}{(1-x)^{2n+2}(n+2)} = \dfrac{(n+1)!}{(1-x)^{(n+1)+1}} \quad (w).$$

Damit ist gezeigt $A(n) \Rightarrow A(n+1)$.

Aus Schritt 1 und Schritt 2 folgt die Behauptung.

Abituraufgabe 5 (Seite 183) - Saarland Gymnasium 1994

Für alle $n \in \mathbb{N}$ und $f(x) = 4 \cdot (e^x - 1) \cdot e^{-2x}$ gilt:
$$A(n): f^{(n)}(x) = 4 \cdot (-1)^n \cdot (e^x - 2^n) \cdot e^{-2x}$$

Schritt 1:

$n = 0$: $A(0)$: $f^{(0)}(x) = f(x) = 4 \cdot (-1)^0 \cdot (e^x - 2^0) \cdot e^{-2x}$
$$= 4 \cdot (e^x - 1) \cdot e^{-2x} = f(x) \qquad (w)$$

Schritt 2:

$n \Rightarrow n+1$ $\quad A(n): f^{(n)}(x) = 4 \cdot (-1)^n \cdot (e^x - 2^n) \cdot e^{-2x} \Rightarrow$
$\qquad\qquad A(n+1): f^{(n+1)}(x) = 4 \cdot (-1)^{n+1} \cdot (e^x - 2^{n+1}) \cdot e^{-2x}$

Induktionsbeweis:

$$f^{(n+1)}(x) = \left(f^{(n)}\right)'(x) \underset{\substack{Induktions-\\voraussetzung}}{=} \left[4 \cdot (-1)^n \cdot \underbrace{(e^x - 2^n)}_{u(x)} \cdot \underbrace{e^{-2x}}_{v(x)}\right]'$$

$$= 4 \cdot (-1)^n \cdot e^x \cdot e^{-2x} + 4 \cdot (-1)^n \cdot (e^x - 2^n) \cdot (-2) \cdot e^{-2x}$$
$$= 4 \cdot (-1)^n \cdot e^{-2x} \cdot [e^x - 2e^x + 2^{n+1}]$$
$$= 4 \cdot (-1)^n \cdot (-1) e^{-2x} \cdot [-e^x + 2e^x - 2^{n+1}]$$
$$= 4 \cdot (-1)^n \cdot (-1) e^{-2x} \cdot (e^x - 2^{n+1})$$
$$= 4 \cdot (-1)^{n+1} \cdot (e^x - 2^{n+1}) \cdot e^{-2x} \qquad (w).$$

Damit ist gezeigt $A(n) \Rightarrow A(n+1)$.

Aus Schritt 1 und Schritt 2 folgt die Behauptung. ❑

Weitere Bücher (E-Bücher) zu diesem Thema vom selben Autor - verfügbar im iBooks Store
www.apple.com

Abitur 2016 und Applets

On 51 Stores

Abitur und Applets

On 51 Stores

ABITUR 2015 und Applets

On 51 Stores

Merkhilfe

On 51 Stores